DS SOLIDWORKS

SOLIDWORKS® 公司官方指定培训教程
CSWP 全球专业认证考试培训教程

官方指定

SOLIDWORKS®
Simulation Premium教程

（2023版）

[美] DS SOLIDWORKS®公司　著

(DASSAULT SYSTEMES SOLIDWORKS CORPORATION)

戴瑞华　主编

上海新迪数字技术有限公司　编译

机械工业出版社
CHINA MACHINE PRESS

《SOLIDWORKS® Simulation Premium 教程（2023版）》是根据 DS SOLIDWORKS®公司发布的《SOLIDWORKS® 2023：SOLIDWORKS Simulation Premium—Dynamics》和《SOLIDWORKS® 2023：SOLIDWORKS Simulation Premium——Nonlinear》编译而成的，是使用 Simulation Premium 软件对 SOLIDWORKS 模型进行有限元分析的高级培训教程。本教程提供了动态分析和非线性分析的有限元求解方法，是机械工程师有效掌握 Simulation Premium 应用技术的进阶资料。本教程提供练习文件下载，详见"本书使用说明"。本教程提供高清语音教学视频，扫描书中二维码即可免费观看。

　　本教程在保留英文原版教程精华和风格的基础上，按照中国读者的阅读习惯进行编译，配套教学资料齐全，适于企业工程设计人员和高等院校、职业院校相关专业的师生使用。

　　北京市版权局著作权合同登记　图字：01-2023-3543号。

图书在版编目（CIP）数据

SOLIDWORKS® Simulation Premium 教程：2023版/
美国 DS SOLIDWORKS®公司著；戴瑞华主编. --北京：
机械工业出版社，2024. 11. --（SOLIDWORKS®公司官方指
定培训教程）（CSWP 全球专业认证考试培训教程）.
ISBN 978-7-111-76843-2

Ⅰ. TH122

中国国家版本馆 CIP 数据核字第 202427EF88 号

机械工业出版社（北京市百万庄大街22号　邮政编码100037）
策划编辑：张雁茹　　　　　　　责任编辑：张雁茹　章承林
责任校对：张　薇　陈　越　　封面设计：陈　沛
责任印制：刘　媛
唐山三艺印务有限公司印刷
2024 年 12 月第 1 版第 1 次印刷
184mm×260mm · 15 印张 · 405 千字
标准书号：ISBN 978-7-111-76843-2
定价：69.80 元

电话服务　　　　　　　　　　网络服务
客服电话：010-88361066　　机　工　官　网：www.cmpbook.com
　　　　　010-88379833　　机　工　官　博：weibo.com/cmp1952
　　　　　010-68326294　　金　书　网：www.golden-book.com
封底无防伪标均为盗版　　机工教育服务网：www.cmpedu.com

序

尊敬的中国 SOLIDWORKS 用户：

DS SOLIDWORKS® 公司很高兴为您提供这套最新的 SOLIDWORKS® 中文官方指定培训教程。我们对中国市场有着长期的承诺，自从 1996 年以来，我们就一直保持与北美地区同步发布 SOLIDWORKS 3D 设计软件的每一个中文版本。

我们感觉到 DS SOLIDWORKS® 公司与中国用户之间有着一种特殊的关系，因此也有着一份特殊的责任。这种关系是基于我们共同的价值观——创造性、创新性、卓越的技术，以及世界级的竞争能力。这些价值观一部分是由公司的共同创始人之一李向荣（Tommy Li）所建立的。李向荣是一位华裔工程师，他在定义并实施我们公司的关键性突破技术以及在指导我们的组织开发方面起到了很大的作用。

作为一家软件公司，DS SOLIDWORKS® 致力于带给用户世界一流水平的 3D 解决方案（包括设计、分析、产品数据管理、文档出版与发布），以帮助设计师和工程师开发出更好的产品。我们很荣幸地看到中国用户的数量在不断增长，大量杰出的工程师每天使用我们的软件来开发高质量、有竞争力的产品。

目前，中国正在经历一个迅猛发展的时期，从制造服务型经济转向创新驱动型经济。为了继续取得成功，中国需要相配套的软件工具。

SOLIDWORKS® 2023 是我们最新版本的软件，它在产品设计过程自动化及改进产品质量方面又提高了一步。该版本提供了许多新的功能和更多提高生产率的工具，可帮助机械设计师和工程师开发出更好的产品。

现在，我们提供了这套中文官方指定培训教程，体现出我们对中国用户长期持续的承诺。这套教程可以有效地帮助您把 SOLIDWORKS® 2023 软件在驱动设计创新和工程技术应用方面的强大威力全部释放出来。

我们为 SOLIDWORKS 能够帮助提升中国用户的产品设计和开发水平而感到自豪。现在您拥有了功能丰富的软件工具以及配套教程，我们期待看到您用这些工具开发出创新的产品。

Manish Kumar
DS SOLIDWORKS® 公司首席执行官
2023 年 7 月

戴瑞华　现任达索系统大中华区技术咨询部 SOLIDWORKS 技术总监

戴瑞华先生拥有 30 年以上机械行业从业经验，曾服务于多家企业，主要负责设备、产品、模具以及工装夹具的开发和设计。其本人酷爱 3D CAD 技术，从 2001 年开始接触三维设计软件，并成为主流 3D CAD SOLIDWORKS 的软件应用工程师，先后为企业和 SOLIDWORKS 社群培训了上千名工程师。同时，他利用自己多年的企业研发设计经验，总结出了在中国的制造业企业应用 3D CAD 技术的最佳实践方法，为企业的信息化与数字化建设奠定了扎实的基础。

戴瑞华先生于 2005 年 3 月加入 DS SOLIDWORKS® 公司，现负责 SOLIDWORKS 解决方案在大中华地区的技术培训、支持、实施、服务及推广等，实践经验丰富。其本人一直倡导企业构建以三维模型为中心的面向创新的研发设计管理平台，实现并普及数字化设计与数字化制造，为中国企业最终走向智能设计与智能制造进行着不懈的努力与奋斗。

前　言

　　DS SOLIDWORKS® 公司是一家专业从事三维机械设计、工程分析、产品数据管理软件研发和销售的国际性公司。SOLIDWORKS 软件以其优异的性能、易用性和创新性，极大地提高了机械设计工程师的设计效率和设计质量，目前已成为主流 3D CAD 软件市场的标准，在全球拥有超过 600 万的用户。DS SOLIDWORKS® 公司的宗旨是：to help customers design better products and be more successful——让您的设计更精彩。

　　"SOLIDWORKS® 公司官方指定培训教程"是根据 DS SOLIDWORKS® 公司最新发布的 SOLID-WORKS® 2023 软件的配套英文版培训教程编译而成的，也是 CSWP 全球专业认证考试培训教程。本套教程是 DS SOLIDWORKS® 公司唯一正式授权在中国大陆地区（不包括香港、澳门特别行政区及台湾地区）出版的官方指定培训教程，也是迄今为止出版的最为完整的 SOLID-WORKS® 公司官方指定培训教程。

　　本套教程详细介绍了 SOLIDWORKS® 2023 软件和 Simulation 软件的功能，以及使用该软件进行三维产品设计、工程分析的方法、思路、技巧和步骤。值得一提的是，SOLIDWORKS® 2023 不仅在功能上进行了 300 多项改进，更加突出的是它在技术上的巨大进步与创新，从而可以更好地满足工程师的设计需求，带给新老用户更大的实惠！

　　《SOLIDWORKS® Simulation Premium 教程（2023 版）》是根据 DS SOLIDWORKS® 公司发布的《SOLIDWORKS® 2023：SOLIDWORKS Simulation Premium—Dynamics》和《SOLIDWORKS® 2023：SOLIDWORKS Simulation Premium——Nonlinear》编译而成的，是使用 Simulation Premium 软件对 SOLIDWORKS 模型进行有限元分析的高级培训教程。本教程提供了动态分析和非线性分析的有限元求解方法，是机械工程师有效掌握 Simulation Premium 应用技术的进阶资料。

　　本套教程在保留英文原版教程精华和风格的基础上，按照中国读者的阅读习惯进行了编译，使其变得直观、通俗，让初学者易上手，让高手的设计效率和质量更上一层楼！

　　本套教程由达索系统大中华区技术咨询部 SOLIDWORKS 技术总监戴瑞华先生担任主编，由上海新迪数字技术有限公司副总经理陈志杨负责审校。承担编译、校对和录入工作的有刘绍毅、张润祖、俞钱隆、李想、康海、李鹏等上海新迪数字技术有限公司的技术人员。上海新迪数字技术有限公司是 DS SOLIDWORKS® 公司的密切合作伙伴，拥有一支完整的软件研发队伍和技术支持队伍，长期承担着 SOLIDWORKS 核心软件研发、客户技术支持、培训教程编译等方面的工作。本教程的操作视频由达索教育行业高级顾问严海军制作。在此，对参与本教程编译和视频制作的工作人员表示诚挚的感谢。

　　由于时间仓促，书中难免存在疏漏和不足之处，恳请广大读者批评指正。

戴瑞华

2023 年 7 月

本书使用说明

关于本书

本书的目的是让读者学习如何使用 SOLIDWORKS 软件的多种高级功能，着重介绍了使用 SOLIDWORKS 软件进行高级设计的技巧和相关技术。

SOLIDWORKS® 2023 是一款功能强大的机械设计软件，而书中篇幅有限，不可能覆盖软件的每一个细节和各个方面，所以，本书将重点给读者讲解应用 SOLIDWORKS® 2023 进行工作所必需的基本技能和主要概念。本书作为在线帮助系统的一个有益补充，不可能完全替代软件自带的在线帮助系统。读者在对 SOLIDWORKS® 2023 软件的基本使用技能有了较好的了解之后，就能够参考在线帮助系统获得其他常用命令的信息，进而提高应用水平。

前提条件

读者在学习本书前，应该具备如下经验：

- 机械设计经验。
- 使用 Windows 操作系统的经验。
- 已经学习了《SOLIDWORKS® Simulation 基础教程（2020 版）》和《SOLIDWORKS® Simulation 高级教程（2020 版）》。

编写原则

本书是基于过程或任务的方法而设计的培训教程，并不专注于介绍单项特征和软件功能。本书强调的是完成一项特定任务所应遵循的过程和步骤，并通过对每一个应用实例的学习来演示这些过程和步骤。读者将学会为了完成一项特定的设计任务应采取的方法，以及所需要的命令、选项和菜单。

知识卡片

除了每章的研究实例和练习，书中还提供了可供读者参考的"知识卡片"。这些"知识卡片"提供了软件使用工具的简单介绍和操作方法，可供读者随时查阅。

使用方法

本书的目的是希望读者在有 SOLIDWORKS 使用经验的教师指导下，在培训课中进行学习；希望读者通过"教师现场演示本书所提供的实例，学生跟着练习"的交互式学习方法，掌握软件的功能。

读者可以使用练习题来应用和练习书中讲解的或教师演示的内容。本书设计的练习题代表了典型的设计和建模情况，读者完全能够在课堂上完成。应该注意到，每个读者的学习速度是不同的，因此，书中所列出的练习题比一般读者能在课堂上完成的要多，这确保了学习能力强的读者也有练习可做。

标准、名词术语及单位

SOLIDWORKS 软件支持多种标准，如中国国家标准（GB）、美国国家标准（ANSI）、国际标准（ISO）、德国国家标准（DIN）和日本国家标准（JIS）。本书中的例子和练习基本上采用了中国国家标准（除个别为体现软件多样性的选项外）。为与软件保持一致，本书中一些名词术语和计量单位未与中国国家标准保持一致，请读者使用时注意。

练习文件下载方式

读者可以从网络平台下载本教程的练习文件，具体方法是：微信扫描右侧或封底的"大国技能"微信公众号，关注后输入"2023SP"即可获取下载地址。

大国技能

视频观看方式

扫描书中二维码可在线观看视频，二维码位于章节之中的"操作步骤"处。可使用手机或平板计算机扫码观看，也可复制手机或平板计算机扫码后的链接到台式计算机的浏览器中进行观看。

Windows 操作系统

本书所用的截屏图片是 SOLIDWORKS® 2023 运行在 Windows® 10 和 Windows® 11 时制作的。

格式约定

本书使用下表所列的格式约定：

约　定	含　义	约　定	含　义
【插入】/【凸台】	表示 SOLIDWORKS 软件命令和选项。例如，【插入】/【凸台】表示从菜单【插入】中选择【凸台】命令	⚠️ 注意	软件使用时应注意的问题
提示 👆	要点提示	操作步骤 步骤 1 步骤 2 步骤 3	表示课程中实例设计过程的各个步骤
技巧 🗝	软件使用技巧		

色彩问题

SOLIDWORKS® 2023 英文原版教程是采用彩色印刷的，而我们出版的中文版教程则采用黑白印刷，所以本书对英文原版教程中出现的颜色信息做了一定的调整，尽可能地方便读者理解书中的内容。

更多 SOLIDWORKS 培训资源

my. solidworks. com 提供了更多的 SOLIDWORKS 内容和服务，用户可以在任何时间、任何地点，使用任何设备查看。用户也可以访问 my. solidworks. com/training，按照自己的计划和节奏来学习，以提高使用 SOLIDWORKS 的技能。

用户组网络

SOLIDWORKS 用户组网络（SWUGN）有很多功能。通过访问 swugn. org，用户可以参加当地的会议，了解 SOLIDWORKS 相关工程技术主题的演讲以及更多的 SOLIDWORKS 产品，或者与其他用户通过网络进行交流。

目　录

第1章 一根弯管的振动

1.1 项目描述

本章将分析研究一根弯管受到 450N 的瞬态载荷时的动态响应，如图 1-1 所示。在运行动态分析之前，首先将运行一次静态算例，以验证静态应力是低于材料屈服强度的。然后逐渐增加载荷，研究在不同载荷下的结果。如果载荷加载得足够慢，则静态算例的结果能够很好地体现模型的性能；如果载荷加载得非常突然，则静态算例的结果会显著不同。

1.2 静态分析

下面将使用线性静态分析求解该问题，假定载荷加载得十分缓慢，所有惯性和阻力效应都可以忽略。

图 1-1 弯管

操作步骤

步骤 1 打开零件 打开文件夹 Lesson 01 \ Case Study 下的文件 Pipe。检查模型并注意以下事项：五个面体构成零件的几何形状；一个橙色的小圆面表示加载几何位置以及传感器监测点的位移。

步骤 2 设置仿真选项 单击【Simulation】/【选项】⚙。在【默认选项】选项卡中指定以下参数：在【单位】中，【单位系统】为公制，【长度/位移】为毫米（mm），【压力/应力】为 N/mm²（MPa）；在【交互】中，设置【接合的缝隙范围】为 0；在【网格】中，取消选择【用实体网格来网格化所有实体】，【网格器类型】选择【基于曲率】；在【解算器和结果】中，【保存结果】选择【SOLIDWORKS 文档文件夹】，选中【在子文件夹下】并输入 Results。单击【确定】。

步骤 3 定义静态算例 创建一个名为 Static 的【静应力分析】算例。

2

步骤4　定义壳体　在仿真树中选择所有 5 个表面。右击所选表面并选择【编辑定义】，在【壳体定义】中指定以下参数：【类型】选择【粗】，在【抽壳厚度】中输入 4.000mm，展开【偏移】并确保选中【中曲面】。转动外壳顶部和底部，使顶部朝向外，如图 1-2 所示。

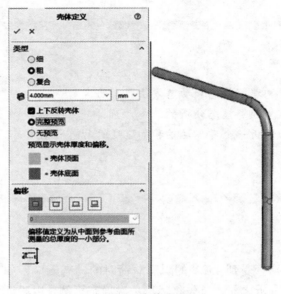

图 1-2　壳体定义

步骤5　定义材料　将【普通碳钢】材料应用于 SOLIDWORKS 模型。

步骤6　接合外壳边缘　右击【全局交互】，然后选择【编辑定义】，展开【属性】并选中【包括壳体边线到实体面/壳体面和边线对的接合（更慢）】，单击【确定】。

步骤7　定义约束　对弯管底部外边界应用一个【固定几何体】夹具，如图 1-3 所示。

步骤8　添加外部载荷　在弯管的橙色表面定义一个 450N 的【力值】，【选定的方向】选择 Right 基准面，如图 1-4 所示。

图 1-3　定义约束　　　　　图 1-4　添加外部载荷

步骤9　划分网格　单击【生成网格】后选择【基于曲率的网格】，指定网格参数如下：在【最大单元大小】🔺中输入 12.23mm，在【最小单元大小】🔺中输入 4.08mm，在【圆中最小单元数】⬡中输入 8，在【单元大小增长比率】▟中输入 1.4。【网格品质】选择【高】，单击【确定】。

Static 算例到此已经设定完毕，请再次检查确定力是从 X 方向作用于面上的，算例中的所有特征都已正确设定。

步骤10　运行算例

步骤11　查看应力结果　图解显示模型中的 von Mises 应力，如图 1-5 所示。

图 1-5　应力结果

提示　　观察到的应力远小于普通碳钢的屈服强度。

步骤12　合位移结果　图解显示合位移结果，并确认观测值相对于模型的尺寸是较小的，如图 1-6 所示。

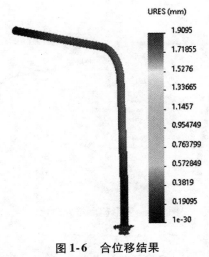

图 1-6　合位移结果

1.3　频率分析

一般而言，在进行动态分析之前，需要进行频率分析。这是由于动态载荷通常会激发结构的共振，特别是当振动模态与载荷方向相同时。

此外，SOLIDWORKS Simulation 提供了几种技术来解决结构对动态加载条件的响应。其中一种是称为模态分析的线性方法，其中频率研究的结果将成为动态分析的输入条件。因此，我们将进行频率研究，作为充分理解线性动力模态时间历史研究的铺垫。

步骤 13　运行频率分析　创建一个【频率】算例。将之前算例中的壳体定义、夹具和网格拖入到此算例中。运行该算例，以获取这个模型的前 5 个自然频率，如图 1-7 所示。在没有外力的情况下，一个结构的自然频率（自然振荡频率）与共振频率是相等的。

注意到自然频率对应的最大周期大约为0.04s。用图解表示这些频率对应的变形情况，并将它们与未变形的模型进行比较，如图 1-8 所示。

模式号	频率(弧度/秒)	频率(赫兹)	周期(秒)
1	154.84	24.644	0.040578
2	165.5	26.341	0.037964
3	448.71	71.414	0.014003
4	453.87	72.236	0.013843
5	2039.5	324.59	0.0030808

图 1-7　获取自然频率

对这些频率的模态进行动画演示，以理解它们的变形特性。

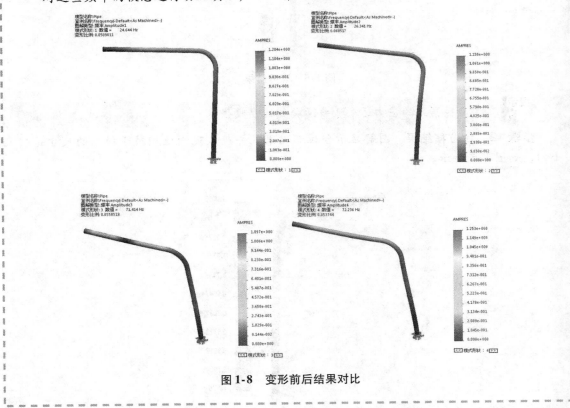

图 1-8　变形前后结果对比

频率研究中可用的模态振型/振幅图不显示绝对值。相反，模态振型/振幅图显示零件的模态振型、颜色和相对值。当负载激发一个或多个系统共振频率时，必须进行动态分析以观察系统的绝对位移。

在静态算例中，假定力是不随时间发生变化的。然而，在接下来的算例中将考虑以下几种情况，即力随着时间的不同发生变化。

下面将介绍两种加载工况：在工况 1 中，载荷在 0.5s 内由 0N 缓慢上升至 450N；在工况 2 中，载荷在 0.05s 内由 0N 快速上升至 450N，如图 1-9 所示。

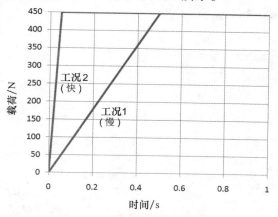

图 1-9　两种加载工况

1.4　动态分析（缓慢作用力）

本部分将分析在缓慢加载力的作用下弯管结构的瞬态响应。

注意，本章不会在此动态求解分析中加载阻尼，阻尼的问题将在第 2 章进行讨论。

运动的结构矩阵方程式表达如下：

$$[M]\{\ddot{u}\} + [C]\{\dot{u}\} + [K]\{u\} = \{F(t)\}$$

式中，$[M]$、$[C]$ 和 $[K]$ 分别代表质量、阻尼和刚度矩阵；$\{\ddot{u}\}$、$\{\dot{u}\}$、$\{u\}$ 和 $\{F(t)\}$ 分别代表节点加速度、速度、位移和与时间相关的力。当这个有限元模型由数值较大的自由度数量 n（有限元网格节点处的位移未知）表示时，上面的矩阵会具有很大规模，问题的求解可能需要占用相当多的计算资源和时间。

在这个线性动态分析工况中（具有线性弹性材料的小位移分析模型），上面的复杂问题可以使用模态分析方法来进行求解。通过使用这种方法，可以使耦合了 n 个运动方程组的复杂系统简化为 m 个独立的（解耦的）运动方程，它们具有以下形式：

$$\ddot{x}_1 + \lambda_1 \dot{x}_1 + \Delta_1^2 x_1 = r_1(t)$$

式中，λ_1 和 Δ_1^2 为特定的常数；m 代表使用频率分析计算得到的内在的自然模式数量。上面的方程式对应着模式 1（注意其下标为 1）。对 m 个解耦的方程组进行求解速度会快很多，而且复杂程度也大大降低，它们的组合也提供了最初有限元模型的位移解。

模态分析需要自然频率和振动模式。为了继续进行线性动态分析，必须首先完成频率分析。

步骤 14　对缓慢加载的实例生成一个线性动态算例　生成一个名为 Slow force 的算例。在【高级模拟】选项组中选择【线性动力】，并单击【模态时间历史】，如图 1-10 所示。

步骤 15　生成壳体、约束及网格　从之前的算例中拖入壳体定义、夹具、力和网格。

步骤 16　添加外部载荷　在【力】的【随时间变化】选项组中选择【曲线】并单击【编辑】，如图 1-11 所示。

图 1-10　定义算例　　　　　　图 1-11　选择曲线

在图 1-12 的【曲线信息】中进行变力设置，输入【名称】为 Slow，并按照表 1-1 中的数值输入数据。

表 1-1　输入数值表

X	Y
0	0
0.5	1
1	1

栏目 X 显示的是时间（单位为 s），栏目 Y 显示的是乘法因子，它将作用于输入在【力值】中的力 450N，如图 1-12 所示。

在【时间曲线】对话框中单击【确定】，然后单击【力/扭矩】PropertyManager 中的【确定】。

步骤 17　设置算例属性　右击算例 Slow force 并选择【属性】，在【频率选项】选项卡中，输入【频率数】为 5，如图 1-13 所示。

图 1-12　编辑曲线　　　　　　图 1-13　定义频率选项

注意　必须强调，这里只使用了 5 个频率数来表示这个模型的动态特性，在接下来的章节中用户将认识到，这样低的频率值是不够的。

单击【动态选项】选项卡，设置【开始时间】为 0s，【结束时间】为 1s。

为了输入时间增量，需要使用关于最高频率对应周期的信息。回顾前面的【频率】算例，计算过 5 个频率，而最高频率对应的周期约为 0.003s。选择的时间增量为用于分析的频率模式下最小周期数值的 1/10 左右，因此，输入【时间增量】为 0.0003，如图 1-14 所示。

提示　第 2 章将详细介绍关于时间增量的计算。

单击【确定】。注意，增量的数量可以通过总时间数值除以时间增量来计算。在这个算例中，拥有 3334 个增量（大约等于 1/0.0003）。

步骤18　结果选项　在这项研究中，动态算例通常会生成大量数据，使用【结果选项】可以指定要保存的数据。右击仿真树中的【结果选项】，选择【编辑/定义】。在【保存结果】下选择【对于所指定的解算步骤】。在【解算步骤-组 1】选项组中输入以下数据：【开始】中输入 1，【结束】中输入 3500，【增量】中输入 10。在【图表的位置】下的【传感器清单】中选择【Tip Displacement】，如图 1-15 所示。

图 1-14　定义动态选项

提示　在【结束】中输入的步骤数量必须大于或等于在分析中真实时间的步骤数量。

步骤19　运行算例　本次运算大约需要几分钟时间。

步骤20　对缓慢加载的实例查看其位移结果　对最后保存的时间步（334）定义【URES：合位移】图解。注意，默认情况下选择最后一个步骤，对应的时间显示为 0.9993s，位移结果如图 1-16 所示。

图 1-15　定义结果选项

图 1-16　位移结果

提示 用户可以对所有保存的时间步骤获取位移图解。

步骤 21 生成末端位移图表 右击【结果】文件夹并选择【瞬态传感器图表】，【X轴】保持为【时间】，【Y轴】选择瞬态传感器 Tip displacement，单击【确定】，生成一个响应图表，如图 1-17 所示。

当力达到 450N，弯管将发生持续振荡。在现实条件下，阻尼的存在可以使振荡逐渐消失，但在这种理想环境中，振荡会无限期地持续下去。

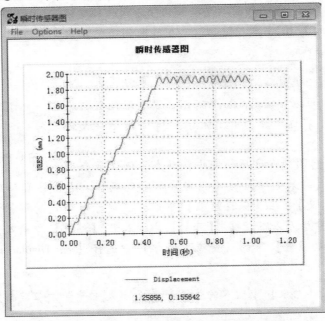

图 1-17   响应图表

步骤 22 结构的最大位移 右击【合位移】并选择【编辑定义】 。在【图解步长】下，单击【穿越所有步长的图解边界】 ，选择【最大】，如图 1-18 所示。所有保存的时间步中得到的最大位移为 1.92mm（图 1-19），接近最后时间步长最大位移（1.87mm）和静态研究的最大位移（1.91mm）。当然，这些值都非常接近，因为动态方法缓慢地应用负载并保持它。

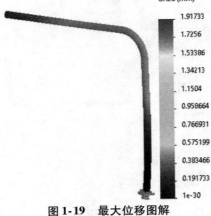

图 1-18   修改选项   图 1-19   最大位移图解

讨论： 图 1-19 中的最大位移是否为模型真实的最大位移呢？前面步骤中绘制的是从所有保存的时间步中得到的最大位移，由于设置了结果选项，只是每隔 10 次计算才保存一次，因此真正的最大值可能位于没有保存的步骤中。是否能够想出一种方法，可以从所有时间步中得到最大位移？

前面图解中不能得到最大值的另一个原因可能是没有正确选择时间步，或者没有在求解中纳入足够多的保证获取准确结果的模式。这两个问题将在第 2 章中进行介绍。

1.5　动态分析（快速作用力）

本章的最后一部分将分析当快速加载作用力时弯管结构的瞬态响应，和之前的动态分析（缓慢作用力）一样，这里也不应用阻尼。

步骤23　新建一个线性动力算例　复制算例 Slow force 到一个新的【线性动力】算例，重新命名为 Fast force。

步骤24　编辑载荷　从仿真树中选择 Force-1，然后单击【编辑定义】🔧，在【随时间变化】选项组中选择【曲线】并单击【编辑】，编辑点 2 并输入 X 列的值为 0.05，如图 1-20 所示。本次研究中力的加载速率是之前研究的 10 倍。

步骤25　运行算例　同样，本次运算大约需要几分钟时间。

步骤26　位移结果　对最后一个保存的时间步（接近 1s）图解显示【URES：合位移】。

最后一个保存的时间步对应的最大合位移为 2.25mm，如图 1-21 所示。和步骤 22 中显示的一样，整个动态运动中结构的最大位移必须来自所有保存的时间步。

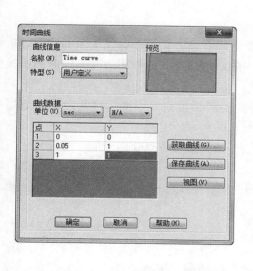

图 1-20　编辑曲线

图 1-21　位移结果

步骤27　显示穿越所有时间步的图解　【编辑定义】位移图解，并要求图解显示穿越所有步长的图解边界。在所有保存的时间步之中，弯管的最大位移为 2.32mm，和最后一个时间步中得到的最大值（2.25mm）明显不同，如图 1-22 所示。

步骤 28　生成末端位移图解　在弯管顶部生成合位移的末端位移图解，如图 1-23 所示。将上面得到的末端位移图解与算例 Slow force 中得到的顶部末端位移图解进行对比，可以看到振荡幅度明显更高。

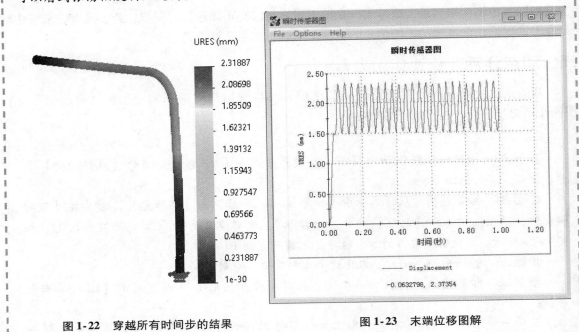

图 1-22　穿越所有时间步的结果　　　　　图 1-23　末端位移图解

1.6　总结

本章展示了一根弯管在集中力载荷下的简单问题，可以看到，缓慢加载作用力的动态分析结果非常接近静态分析中的结果。这也验证了静态分析中的基本假设，即作用力必须随时间缓慢加载，以减小惯性力的影响。

在算例 Fast force 中，由于力的大小突然增加，得到的结果也完全不同，这是由惯性效果导致的。

本章还介绍了如何计算最小时间步增量的基本估值。第 2 章将重点介绍时间步的计算、自然模式的数量以及线性动态分析的其他方面。

本章计算出了弯管的瞬态响应。为了验证结果的正确性，可以细化网格，在方案中纳入更多的自然频率，或减小时间步长。

练习　悬臂管的振动

在本练习中，将对悬臂管进行瞬态振动分析。本练习将使用以下技术：

- 频率分析
- 线性动力分析

问题描述：水平悬臂管是锚定在负载承重墙中的，并加载方向垂直向下的瞬态力，如图 1-24 所示。希望以瞬态位移和应力的形式来求得悬臂管的响应。

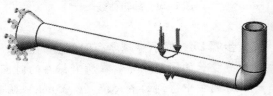

图 1-24　水平悬臂管

操作步骤

　　步骤 1　打开零件　从 Lesson 01 \ Exercises \ Cantilever beam 文件夹中打开文件 Cantilever beam。

　　步骤 2　定义静态算例　创建一个名为 Static 的【静应力分析】算例。

　　步骤 3　选择材料　指定【普通碳钢】作为水平悬臂管的材料。

　　步骤 4　定义约束　在指示面上定义【固定几何体】夹具，其中悬臂管锚定在墙上，如图 1-25 所示。

　　步骤 5　添加外部载荷　如图 1-26 所示，在劈开面上定义一个大小为 600N 的力，方向垂直向下。

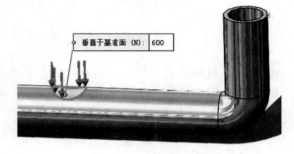

　　　　图 1-25　定义约束　　　　　　　　　　　图 1-26　添加外部载荷

　　步骤 6　划分网格　单击【生成网格】，选择【基于曲率的网格】，在【最大单元大小】中输入 3.56mm，【网格品质】选择【高】，单击【确定】。

　　步骤 7　运行算例

　　步骤 8　位移结果　观察模型位移，最大位移达到 0.98mm，如图 1-27 所示。

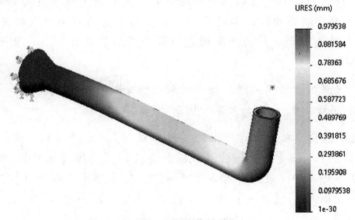

URES (mm)

| 0.979538 |
| 0.881584 |
| 0.78363 |
| 0.685676 |
| 0.587723 |
| 0.489769 |
| 0.391815 |
| 0.293861 |
| 0.195908 |
| 0.0979538 |
| 1e-30 |

图 1-27　位移结果

　　步骤 9　频率分析　创建一个【频率】算例，从之前的静态研究中拖入材料、夹具和网格。

　　步骤 10　进行研究　运行算例并求解前 5 个自然频率。

　　步骤 11　列举共振频率　请注意，最高和最低时间段共振频率对应的周期约为 0.0033s（或 3.3ms）和 0.00041s（或 0.41ms），如图 1-28 所示。

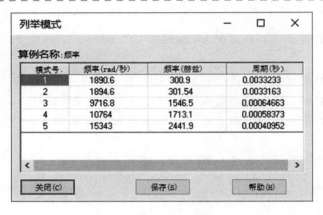

图 1-28　共振频率

步骤 12　自然模式　获取不同共振频率下对应图解和分析模态振型。

步骤 13　定义算例　定义一个名为 Dynamic force 的算例。在【高级模拟】选项组中选择【线性动力】，并单击【模态时间历史】。

步骤 14　复制材料、约束、力和网格　从静态算例中拖入材料、夹具、外部载荷和网格。

步骤 15　编辑载荷　进行变力设置，并按照表 1-2 中的数值输入数据。

表 1-2　输入数值表

X	Y
0	0
0.05	1
0.1	1

X 列显示的是时间（单位为 s），Y 列显示的是乘法因子。

步骤 16　设置算例属性　右击仿真树上的 Dynamic force，选择【属性】，在【频率选项】选项卡中输入【频率数】为 5。单击【动态选项】选项卡，将【开始时间】设置为 0s，【结束时间】设置为 0.1s，在输入时间增量时，需要使用频率最高的时间段信息。回想一下，在之前的频率研究中，计算过 5 个频率，其中最高频率对应的周期是 0.00041s。选择的时间增量大致为用于分析的频率模式的最小周期数值的 1/10。因此，输入【时间增量】为 0.000041。

> ⚠️ **注意**　增量的数量可以通过将总时间数值除以时间增量来计算。在本例中，我们有 2439 个增量（大致等于 0.1/0.000041）。

步骤 17　结果选项　右击仿真树中的【结果选项】，选择【编辑/定义】，选择【对于所指定的解算步骤】，在【数量】的【位移和速度】下选择【绝对】，取消选中【应力和反作用力】。在本练习中，我们将只后处理位移。在【解算步骤-组 1】选项组中输入以下数据：【开始】中输入 1，【结束】中输入 2500，【增量】中输入 10。在【图表的位置】下的【传感器清单】中选择【Tip Displacement】，如图 1-29 所示。

步骤 18　运行算例　本次运算需要几分钟才能完成。

步骤 19　检查置换结果　对最后保存的时间步（244）定义【URES：合位移】图解，位移结果如图 1-30 所示。

加载结束时的最大位移约为 0.97mm，与静力试验得到的最大位移几乎相同。这可能表明此时加载力不会引起水平悬臂管显著的振荡位移。

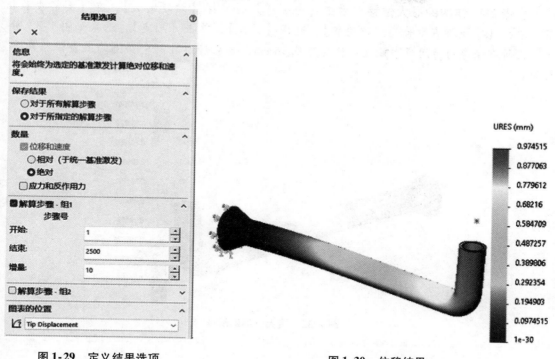

图 1-29　定义结果选项　　　　　　　　　　　图 1-30　位移结果

步骤20　图解顶端位移图　右击【结果】文件夹，然后选择【瞬态传感器图表】，【X 轴】保持为【时间】，并为【Y 轴】选择瞬态传感器 Tip Displacement，单击【确定】，生成一个响应图表，如图 1-31 所示。

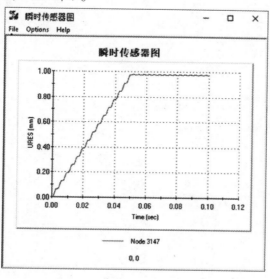

图 1-31　响应图表

可以看到，此时所加载力的脉冲确实不会引起显著的振荡位移。动态位移与静态解密切相关。此外，即便负载加载完成，水平悬臂管也将继续振荡，原因是缺乏阻尼。

14

步骤21　结构的最大位移　右击【合位移】并选择【编辑定义】，在【图解步长】下，单击【穿越所有步长的图解边界】，选择【最大】，单击【确定】，结果如图 1-32 所示。在所有保存的时间步中最大位移约为 0.98mm，与从静态算例中获得的最大位移几乎相同。

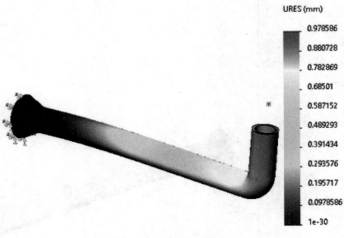

图 1-32　最大位移图解

第 2 章 基于标准 MIL-STD-810G 的瞬态振动分析

2.1　项目描述

参照 MIL-STD-810G（美国军用标准）中方法 516.5 的测试标准，理解电子设备外壳遭遇功能性振动试验时的性能，如图 2-1 所示。一般而言，该测试用于辅助评估零部件在冲击载荷下的物理完整性、连续性和功能性。参考的测试要求冲击载荷在三个独立的正交轴方向都加载。

本章中的线性动态分析将在全局 X 轴的正向加载典型的冲击脉冲载荷。

请注意，MIL-STD-810G 中方法 516.5 一般情况下并不接受典型的冲击脉冲载荷，除非它能显示其数值并接近真实情形。同时，典型的冲击载荷必须沿着三个主要正交轴的正负两个方向都单独加载。

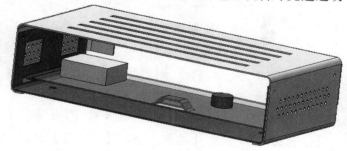

图 2-1　电子设备外壳

操作步骤

步骤 1　打开装配体　打开文件夹 Lesson 02\Case Studies\Electronic Enclosure 下的文件 Electronic_Assembly。

步骤 2　配置　确保激活的配置为 Default。

步骤 3　单位　验证【压力/应力】和【长度/位移】对应的单位分别为 N/mm^2（MPa）和 mm。

步骤 4　定义算例　单击【新算例】，定义一个【线性动力】／【模态时间历史】算例，命名为 Full model。

步骤5　爆炸显示装配体

步骤6　Base（底座）和 Cover（盖子）　Base 和 Cover 都是钣金特征，没有必要过多关注它们的定义，如图 2-2 所示。

材料定义应用于 SOLIDWORKS 模型。验证【铝 1060】材料的性能，并在当前分析中指定给 Base 和 Cover。

步骤7　PCB 壳体　右击仿真树中的 PCB-1（壳体）组件并选择【壳体管理器】，选择【细】类型，并指定 0.75mm 的外壳厚度与底部表面【偏移】，并确保 PCB-1 组件指定材料 PCB FR-4。

步骤8　Cap（芯片）和 Chip（陶瓷）　对零部件 Cap 和 Chip 分别指定材料铜和陶瓷，如图 2-3 所示。

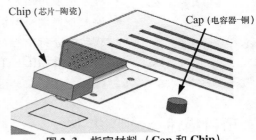

图 2-2　钣金特征

图 2-3　指定材料（Cap 和 Chip）

> **提示**　在本算例中，将这两种非结构部件建模为固体，因为几何形状足够简单，因此对其网格划分导致的任何性能下降都将最小。对于复杂的模型，则建议使用简化技术，例如远程负载/质量特征。

步骤9　指定接触　将【全局交互】设置为【空闲】。

步骤10　PCB 对应 Chip 和 Cap 的交互　单击【本地交互】。指定【接合】，【第一组】选择 PCB 组件并选择底部，【第二组】选择 Chip 和 Cap 的表面，单击【确定】。如果收到的错误消息为"选定的交互面彼此不面对，试试看其他实体"，则应先单击【确定】以关闭消息，再单击【交换交互面】，最后单击【确定】，如图 2-4 所示。

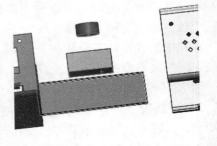

图 2-4　PCB 对应 Chip 和 Cap 的交互

步骤11　Cover 对应 Base 的交互　在 Cover 的螺栓开口和 Base 之间指定【接合】的交互，如图 2-5 所示。

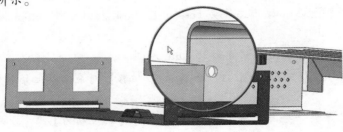

图 2-5　指定交互（一）

提示 👆 在【组1的面、边线、顶点】选择框中，选择 Cover 的螺栓开口圆柱面，并在【组2的面、边线】选择框中指定 Base 的面，如图2-6所示。

在另一侧指定相同的交互。

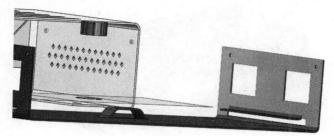

图2-6 指定交互（二）

步骤12 PCB 对应 Base 的交互 在 PCB 和 Base 之间指定【接合】的交互，如图2-7所示。

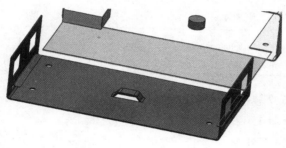

图2-7 指定交互（三）

步骤13 定义约束 对 Cover 和 Base 上的 8 个螺栓开口指定【固定几何体】夹具，如图2-8所示。

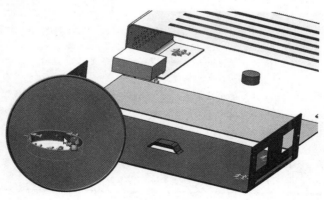

图2-8 定义约束

提示 使用 Cover 和 Base 上的螺栓孔圆柱面。

步骤14 取消爆炸显示装配体

步骤15 划分网格 单击【生成网格】，选择【基于曲率的网格】，【最大单元大小】中输入9mm，【最小单元大小】中输入3mm，【网格品质】选择【草稿】，结果如图2-9所示。

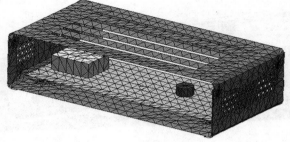

图2-9 划分网格

知识卡片	运行频率	线性动力学研究须考虑结构的共振频率和分析对动态载荷响应时的模态形状。SOLIDWORKS Simulation 允许在具有后处理功能的线性动态分析中运行频率分析，以便为动态研究确定适当的频率和网格。
		CommandManager：【Simulation】/【运行此算例】/【运行频率】。 仿真树：右击算例名称，选择【运行频率】。

步骤16 运行25个模态的频率分析 右击 Full model 并选择【属性】。在【频率选项】选项卡中，在【频率数】中输入25。

步骤17 运行频率分析

步骤18 列举共振频率 右击【结果】，选择【列出共振频率】，如图2-10所示。观察到没有出现零值，表明所有接触都定义良好，而且模型中不存在刚体模态。

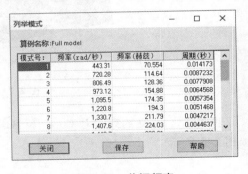

图2-10 共振频率

知识卡片	列举共振频率	质量参与因子表示分析是否考虑了足够数量的共振频率以获得准确的结果。质量参与因子考虑一个模态形状，并确定结构内有多少质量在特定方向上运动。累积的质量参与因子结合了质量参与因子在给定方向上的每个模态形状。作为一般准则，累积质量参与因子系数应该是 0.8 或更高，特别是在负载方向上。
		CommandManager：【Simulation】/【结果顾问】/【列举共振频率】。 仿真树：右击【结果】，选择【列出共振频率】。

步骤19 列举质量参与因子 选择【列出质量参与】因子，使用鼠标滚轮滚动到底部以查看累积值（总和），如图2-11所示。

经观察发现，在主要振动方向并未达到推荐的数值0.8，X分量的数值只有0.62（分析沿X方向的冲击响应），因此，需要提高模态的数量。

步骤20 提高模态数量，然后重新运行频率分析 将所需模态的数量提高至65，然后重新运行频率分析。

步骤21 重新列举质量参与因子 重新列举【质量参与】因子，如图2-12所示。沿 X 方向的总和上升至0.66，这仍然低于推荐的数值0.8。

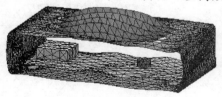

<table>
<tr><th colspan="5">质量参与(正规化)</th></tr>
<tr><td colspan="5">算例名称：Full model</td></tr>
<tr><th>模式号</th><th>频率(赫兹)</th><th>X方向</th><th>Y方向</th><th>Z方向</th></tr>
<tr><td>19</td><td>521.26</td><td>0.039353</td><td>0.0031215</td><td>0.00041186</td></tr>
<tr><td>20</td><td>554.08</td><td>0.010465</td><td>0.0051597</td><td>0.0043014</td></tr>
<tr><td>21</td><td>569.86</td><td>8.4445e-06</td><td>0.18992</td><td>3.755e-05</td></tr>
<tr><td>22</td><td>573.72</td><td>8.6639e-05</td><td>0.0045548</td><td>0.00075235</td></tr>
<tr><td>23</td><td>590.63</td><td>0.024097</td><td>0.0017146</td><td>8.5602e-06</td></tr>
<tr><td>24</td><td>627.65</td><td>0.00018874</td><td>1.6879e-05</td><td>2.9408e-05</td></tr>
<tr><td>25</td><td>637.46</td><td>9.9766e-08</td><td>3.4494e-05</td><td>2.6082e-05</td></tr>
<tr><td colspan="2"></td><td>总和X = 0.62081</td><td>总和Y = 0.75414</td><td>总和Z = 0.29298</td></tr>
</table>

图 2-11 质量参与因子（一）

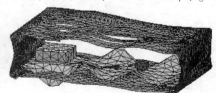

<table>
<tr><th colspan="4">质量参与(正规化)</th></tr>
<tr><td colspan="4">算例名称：Full model</td></tr>
<tr><th>模式号</th><th>频率(赫兹)</th><th>X方向</th><th>Y方向</th></tr>
<tr><td>60</td><td>1521.9</td><td>5.8497e-005</td><td>0.00010747</td></tr>
<tr><td>61</td><td>1531.5</td><td>5.1577e-005</td><td>0.0054981</td></tr>
<tr><td>62</td><td>1539.5</td><td>1.6109e-005</td><td>0.00017194</td></tr>
<tr><td>63</td><td>1542.6</td><td>1.2681e-006</td><td>0.00034706</td></tr>
<tr><td>64</td><td>1553.3</td><td>1.6753e-006</td><td>0.00078145</td></tr>
<tr><td>65</td><td>1556.4</td><td>2.4442e-006</td><td>0.00016959</td></tr>
<tr><td colspan="2"></td><td>总和X = 0.66409</td><td>总和Y = 0.89165</td></tr>
</table>

图 2-12 质量参与因子（二）

2.1.1 质量参与因子

随着经验的积累，不难发现，当壳体形成结构时，沿着平面方向（在示例中是 X 和 Z 方向）达到推荐的累积质量参与因子0.8可能具有挑战性。然而，当模态形状存在于非常高的频率时（与负载的速率相比），它们不太可能被激发。此外，高频模态形状比低频模态形状衰减更快。

在这些情况下，前面建议的累积质量参与因子0.8变得不如其他因素（如网格和时间步长）重要。

步骤22 图解高频模态形状 右击【结果】并选择【定义模式形状图解】，单击【模式形状】，并输入最后计算使用的模态形状数值（65）。切换到【设定】选项卡，在【边界选项】下选择【网格】，在草稿品质网格边界颜色下单击【编辑颜色】，然后选择【黑色】。单击【确定】✔，结果如图2-13a所示。其余操作不变情况下，修改输入的模态形状数值，即可图解显示其他一些高频模态形状，结果如图2-13b~d所示。

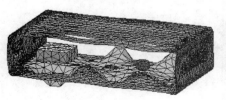

a) 模态形状(65)

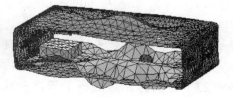

b) 模态形状(64)

c) 模态形状(63)

d) 模态形状(62)

图 2-13 模态形状

可以看到一些图形形状出现起伏，表明网格不够精细，无法准确地对模拟行为建模。

步骤23　细化网格　单击【生成网格】，选择【基于曲率的网格】，【最大单元大小】 ⬡ 中输入4mm，【最小单元大小】 ⬢ 中输入1.3mm，【网格品质】选择【草稿】，单击【确定】 ✔。

步骤24　使用65个模态重新运行频率分析

步骤25　再次列举质量参与因子　再次列举【质量参与】因子，如图2-14所示。沿X方向累积的数值几乎没有发生改变。

步骤26　图解显示质量参与　右击【结果】并选择【定义频率响应图表】，选择【累积有效质量参与系数（CEMPF）】作为与频率对应的数量图表。

在【摘要】选项组中，选中【显示频率（Hz），其中 CEMPF 大于】，确保 X、Y、Z 三个方向都被选中，如图2-15所示，单击【确定】。

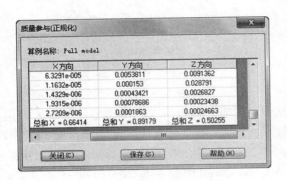

图 2-14　质量参与因子（三）

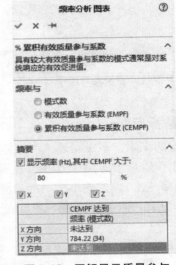

图 2-15　图解显示质量参与

频率响应图提供了更多可视的细节，可以让用户了解每个模态相对于累积有效质量参与的系数。注意，Z 方向的累积有效质量参与系数在最后的频率范围内突然加大，如图2-16所示。

随着模态数量（在本例中为600）增加，最终将使 X 和 Z 两个方向上的累积质量参与因子高于推荐值的80%。Z 方向以大约6500Hz的频率越过80%的值，X 方向以接近12000Hz的频率越过80%的值，如图2-17所示。考虑到将要施加的载荷，这些频率对于这个分析来说太高了，不需要考虑。

步骤27　图解显示最后一个模态形状

绘制第65个频率处的模态形状，如图2-18所示。

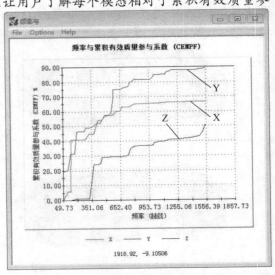

图 2-16　频率响应图

由于全局网格细化，所以振型发生了很大变化。

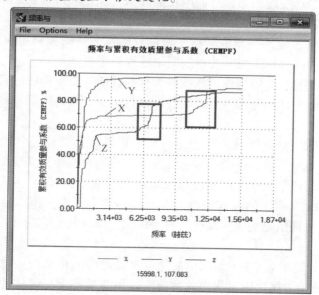

图 2-17　累积有效质量参与系数

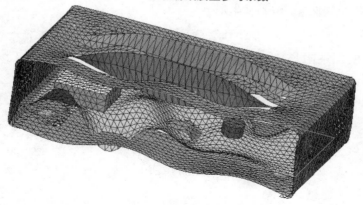

图 2-18　最后一个模态形状

步骤 28　定义模态阻尼　指定所有 65 个模态的模态阻尼，阻尼比率为 0.05，如图 2-19 所示。

提示

　　标准 MIL-STD-810G 中的方法 516.5 指出，当没有其他阻尼信息可用时，推荐通过品质因子 Q = 10 来得到阻尼数值。请仔细阅读下面的讨论，便可以理解为何模态阻尼比率为 0.05。

图 2-19　定义模态阻尼

2.1.2　阻尼

　　阻尼描述了一个结构（或一个材料）由于各种现象耗散能量的能力。一般而言，结构中存在三种主要的能量耗散模型：

（1）摩擦效应　任何彼此接触的结构部件都存在一定程度的摩擦交互作用。例如，螺栓接头经受的微小相对位移会产生摩擦力，从而消耗部分振动能量。摩擦阻尼属于结构阻尼的范畴，用于描述它的理论模型称为库仑阻尼。

（2）材料阻尼　由于反复的弹塑性材料变形以及磁性矢量的重新定位，材料将随着结构振动而发生能量耗散，这种类型的阻尼称为材料阻尼或迟滞阻尼。

这种类型的阻尼可以划分为结构性的或纯粹为材料性的。在结构性的实例中，材料的阻尼常数与材料制造的特定形状和结构有关。在材料性的实例中，材料的阻尼常数是独立于结构形状的真实材料属性。

纯粹的材料阻尼常数（材料属性）在表示材料阻尼时看上去是一个理想的选择，它们的使用非常复杂，而且随后的计算量可能会非常大。因此，更通用的做法是使用结构化材料的阻尼常数，无论是技术上的计算还是文字上的描述都是如此。

（3）黏性阻尼　通过与周围的流体进行交互换位，与流体相互作用的振动结构耗散掉了很大一部分的振动能量。黏性阻尼的大小与振动材料的速度成比例，它的计算公式为

$$F_d = cv^n$$

式中，F_d 为阻尼力；c 为阻尼大小；v 为结构的速度，且对应的指数为 n 次方。指数 n 的典型数值为 1，在 Simulation 的动力模块中也使用此数值。其他类型的阻尼通常使用等效的能量耗散准则转换为一个等效的黏性阻尼。用户可能需要查阅关于振动的文献，以获取更多关于这个主题的知识，下面的讨论将更详细地讲解黏性阻尼。

2.1.3　黏性阻尼

（1）单自由度的黏性阻尼　如图 2-20 所示、在质量为 m、刚度为 k、阻尼为 c 的单自由度结构黏性阻尼中，通常以下面的常数为特征：

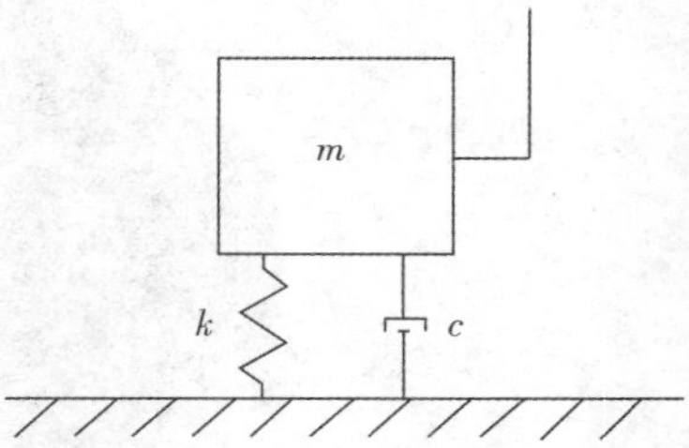

阻尼常数为 c，阻尼比率为 ζ，其中 $\zeta = \dfrac{c}{c_c} = \dfrac{c}{2\sqrt{km}}$。

瑞利阻尼为

$$c = \alpha m + \beta k$$

常数之间的关系为

$$\frac{c}{m} = \alpha + \beta \omega_n^2 = 2\zeta \omega_n$$

图 2-20　力学模式

注意到上面的常数表示了一定刚度和质量的结构，它们不代表材料，而只代表结构。为了保持一致，本章的后面部分只要提到阻尼，均指结构阻尼。

（2）有限元结构的黏性阻尼　在模态分析中，表示 FEA（有限元仿真）结构的一组复杂的微分方程被分解并简化为一组独立的方程，每个这样的方程都代表一个单自由度的振荡器，它们解的组合等于整个结构的响应。于是，在模态分析中，每个独立的模态方程都可以独立地衰减（例如，每个模态方程可以拥有不同的模态常数大小），因此，阻尼常数与那些用于单自由度的阻尼常数是一样的。

阻尼矩阵为 $[C]$，模态阻尼比率矢量为 $[\zeta]$，其中 $\zeta_i = \dfrac{c_i}{c_{c,i}} = \dfrac{c_i}{2\sqrt{k_i m_i}}$。

矩阵形式的瑞利阻尼为

$$[C] = \alpha[M] + \beta[K]$$

以系数形式表述为

$$\frac{c_i}{m_i} = \alpha + \beta \omega_{i,n}^2 = 2\zeta_i \omega_{i,n}$$

（3）结构黏性阻尼的其他数值　文献中经常使用下面的结构阻尼的数值，它们全部与阻尼数值相关：

系统损耗系数为　　　　　　　　　　$\eta = 2\zeta$

系统的特定吸振能力为　　　　　　　$\psi = \dfrac{2\pi}{Q}$

系统自由振动的对数衰减为　　　　　$\delta = 2\pi\zeta$

谐振放大（或特性）系数为　　　　　$Q = \dfrac{1}{\eta}$

注意：上面的关系仅适用于展现小振幅的结构。

另外一些比较少见的数值为混响时间、相位、平面弯曲波衰减以及平面纵波衰减。

（4）如何获取阻尼常数　获取相关的阻尼常数是相当困难的，用户通常有两个选择：

1）现有文献。通过搜索现有的文献，获取相似类型、形状以及材料成分的结构常数，一些文献可能也列出了材料性质的阻尼属性。

2）实验。通过实验的方法测量某些阻尼常数。例如，通常利用实验的方法来表现振动衰减的大小。

步骤29　添加外部载荷　右击仿真树中的【外部载荷】，选择【统一基准激发】，选择【类型】下的【加速度】，在 X 正方向指定20g载荷，以机箱的垂直面为参考，方向为【反向】（确保箭头指向 X 正方向）。

⚠️**注意**　使用外壳的竖直表面作为参考，确保显示的方向如图 2-21 所示。

图 2-21　添加外部载荷

在【随时间变化】选项组中，选择【曲线】并单击【编辑】，指定图 2-22 所示的数据点，单击【确定】。

👆**提示**　上面指定的一个典型冲击并不是标准 MIL-STD-810G 中的，方法516.5 中推荐的首选为冲击载荷。此处更推荐使用真实的、重复的测量冲击数据，或从之前的冲击响应谱（SRS）估算的合成冲击。只有在没有数据可用时才允许使用经典的冲击脉冲，而且使用时必须与真实的载荷条件对应的脉冲保持一致。

步骤30　时间步长及分析持续的时间　在算例属性的【动态选项】选项卡中，指定【时间增量】为 5×10^{-5}，【结束时间】为 0.022s，如图 2-23 所示。下面将讨论如何确定时间步长。

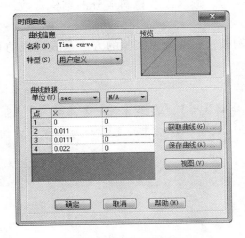

图 2-22　定义时间曲线

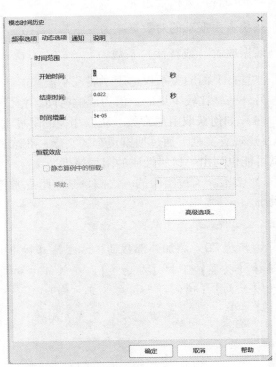

图 2-23　定义动态选项

> **提示**　一般而言，分析持续的时间长短取决于是否包含了足够的振动峰值响应。对高频响应而言，分析持续的时间要小于低频响应振动下使用的时间，标准 MIL-STD-810G 详细说明了如何计算最小的分析持续时间。如果没有测量数据，飞行装置性能测试下冲击响应推荐的近似持续时间为 15 ~ 23ms，在分析中选择的数值为 22ms，是经典冲击脉冲持续时间的两倍。

2.1.4　时间步长

最小时间步长非常重要，需要考虑大量参数。太大的时间步长可能导致分析无法完成，或者尽管在过大的一个时间步长下能够完成分析，其结果也可能是错误的。在确定最小所需的分析时间步长时必须考虑以下参数：

（1）**最高且重要的模态波的时间分辨率**　在这个分析中，最后一个重要的自然模式对应的振动应该至少离散为 5（最好为 10）个时间增量。也许对于一个没有经验的用户而言，比较难确定什么是最高且重要的模式，因此这里必须考虑最高的模式。必须随时考虑这个准则：

$$\Delta t < 0.1 T_{\min} = 0.1 \times 0.00064251 \text{s} = 6.4 \times 10^{-5} \text{s}$$

（2）**弹性应力波传播的分辨率**　如果模型中需要用到弹性应力波传播的分辨率，必须根据下面的公式计算时间步长：

$$\Delta t \leqslant \frac{0.2L_{\text{characteristic}}}{v_{\text{elastic wave}}} = \frac{0.2L_{\text{characteristic}}}{\sqrt{\dfrac{E}{\rho}}} = \frac{0.2 \times 0.192}{\sqrt{\dfrac{6.9 \times 10^{10}}{2705}}}\text{s} = 7.6 \times 10^{-6}\text{s}$$

上面公式中用到的弹性模量及质量密度来自外壳的材料（铝合金 1060-H18），单位系统为公制（SI），外壳的长度大约为 192mm。注意，参数 0.2 在 5 个时间步长中离散弹性波，如果需要更好的分辨率，则可以调节这个参数。

（3）载荷的时间分辨率　这对准确求解冲击载荷是至关重要的。如果分辨率过低，某些波的特征可能会被忽略，从而导致载荷描述可能变得非常不准。在分析中，冲击脉冲将采用 10 个时间点进行离散。因此

$$\Delta t < 0.1(\text{pulse duration}) = 0.1 \times 0.011\text{s} = 1.1 \times 10^{-3}\text{s}$$

经典冲击载荷的频率特性非常容易确定，然而确定一般振动冲击载荷的频率特性则要困难得多。载荷的傅里叶变换可以显示载荷的频率特性。图 2-24 显示了本章中使用的经典冲击脉冲的傅里叶变换，可以观察到峰值振幅发生在 46.8Hz 处，对本例而言并没有太大的困难。最高模态波的频率（发生在 1556.4Hz 处，或周期为 0.00064251s 处）相当高，在时间步长为 6.4×10^{-5}s 时能够准确求解。一般而言，最大幅度的极值，以及载荷振幅谱的重要部分都应该被离散。

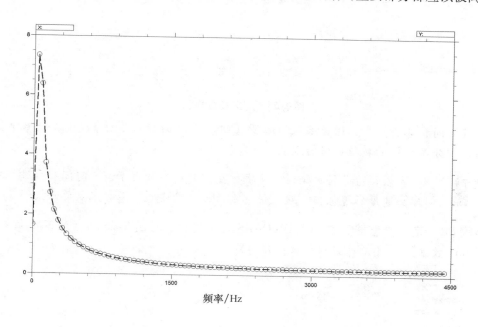

图 2-24　经典冲击脉冲的傅里叶变换

注意　　分析中包含的最高模态波的频率必须高于载荷所有重要的频率，或用户感兴趣的重要频率。

在分析中，选择时间步长 $\Delta t = 5 \times 10^{-5}$s。除了应力波传播以外，所有时间增量的标准都满足要求，只有应力传播非常重要时，这个标准才必须满足要求。如果对位移、速度和加速度要求更高，就可以不强求应力传播这个标准。

步骤31　定义高级选项　在【模态时间历史】对话框中，单击【高级】选项卡，如图 2-25 所示。

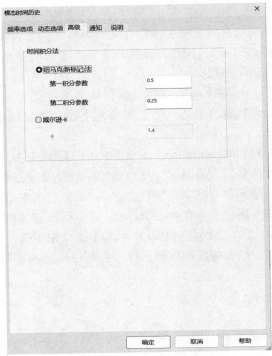

图 2-25　定义高级选项

在【时间积分法】中，保留默认的选项【纽马克（新标记）法】，【第一积分参数】和【第二积分参数】的数值也保留默认值。

> 提示　　本教程后面将讨论时间集成方法。数字参数用于调节时间积分过程中时间域加速度的近似值。默认值适用于大多数研究，通常不需要修改。

步骤32　定义传感器　在 SOLIDWORKS 特征树中，对图 2-26 所示的两个位置定义【Simulation 数据】和【工作流程灵敏】传感器。

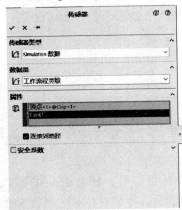

图 2-26　定义传感器

步骤33　结果选项　右击仿真树中的【结果选项】，选择【编辑/定义】。在【保存结果】下选择【对于所指定的解算步骤】，在【数量】下选择【相对（于统一基准激发）】。定义要保存的三个解算步骤。在【解算步骤-组1】下输入以下数据：【开始】中输入1，【结束】中输入220，【增量】中输入20。在【解算步骤-组2】下输入以下数据：【开始】中输入221，【结束】中输入330，【增量】中输入10；在【解算步骤-组3】下输入以下数据：【开始】中输入331，【结束】中输入1000，【增量】中输入40。在【图表的位置】下选择【Workflow Sensitive1】，如图2-27所示。单击【确定】 ✓。

每组设置不同的增量可减少存储要求，但所有数据都保存在传感器位置。

> 提示　通过上面操作中指定"相对"以查看位移和速度的结果与于统一基准激发负载而移动的固定装置关系。

步骤34　保存并运行　【保存】分析的设置，【运行】该动态分析。

步骤35　图解显示位移结果　右击【结果】，然后选择【定义位移图解】，在【显示】下选择【UX：X位移】，在【图解步长】下单击【单步长的图解】，并在【图解步长】中输入10。在【变形形状】下选择【自动】，如图2-28所示。切换到【图表选项】选项卡，并选中【显示最小注解】和【显示最大注解】。单击【确定】，位移结果如图2-29所示。

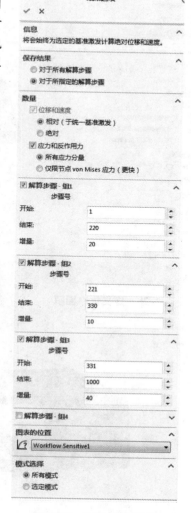

图 2-27　定义结果选项

观察到步长10最显著的位移发生在结构顶部，并显示一个负值，指定了方向。该图显示了在这个模型中几个部件相互穿透，但没有图中这么大的穿透程度。接触相互作用是非线性的，并且需要非线性动力学分析，这将在本课程的最后一节课中进行模拟。

步骤36　图解显示动画　单击【动画】▶，动画沿着物理时间行进，提供了结构对载荷反应的响应力。单击【确定】。

步骤37　最大位移　右击【位移图解】，然后选择【编辑定义】，在【图解步长】下单击【穿越所有步长的图解边界】，然后选择【最大】，如图2-30所示。单击【确定】，最大位移结果如图2-31所示。

其余操作不变，在单击【穿越所有步长的图解边界】后选择【最小】，结果如图2-32所示。

从图2-31、图2-32中观察到，沿全局X轴的最大和最小位移分别为0.275mm和-0.347mm。这些数值需要和所需数值进行比较，以判断外壳是失效还是合格。

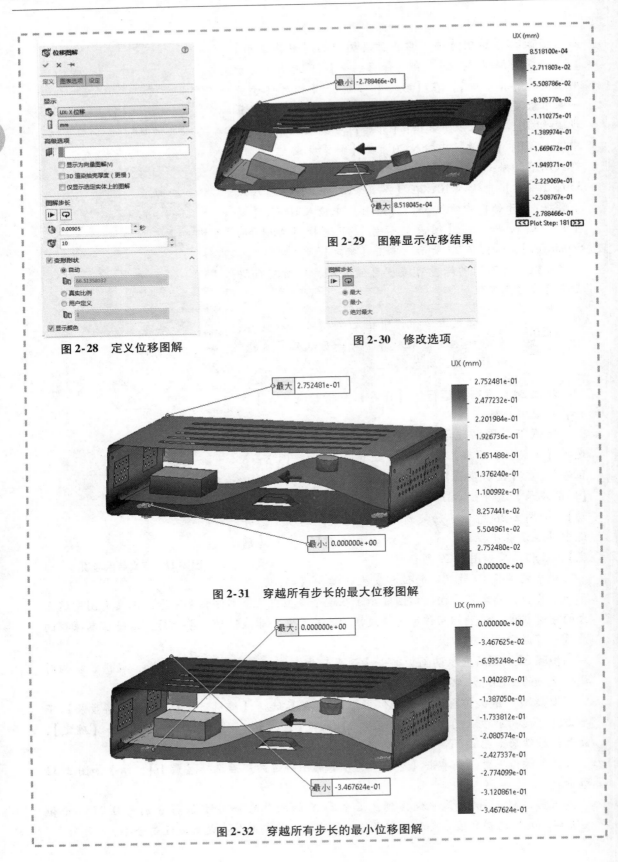

图 2-28　定义位移图解

图 2-29　图解显示位移结果

图 2-30　修改选项

图 2-31　穿越所有步长的最大位移图解

图 2-32　穿越所有步长的最小位移图解

> **提示** 大多数情况，更关注加速度（或速度）的结果，而不是位移。

步骤 38　加速度结果　设置单位为 g，生成【最大】和【最小】的两个【ARES：合加速度】图解，并单击【穿越所有步长的图解边界】，结果如图 2-33 和图 2-34 所示。

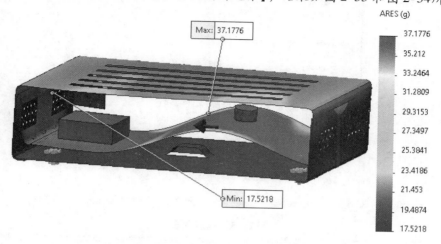

图 2-33　穿越所有步长的最大合加速度图解

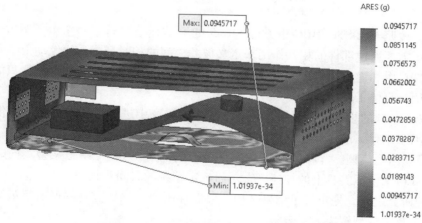

图 2-34　穿越所有步长的最小合加速度图解

可以观察到，总体的最大合加速度约为 37.2g。再次对比许可的范围，以判断外壳合格还是失效。然而，对电子产品的设计而言，最重要的结果是 PCB 组件的加速度。

步骤 39　在传感器位置的响应图表　设置单位为 g，对保存的传感器位置生成【加速度】，【ARES：合加速度】的响应图表，如图 2-35 所示。

对两个监测的位置而言，总体最大合加速度几乎相等，即最大激发加速度为 20g。同时，由于峰值振幅通常发生在初始冲击作用之后的时间，因此推荐在更长的持续时间内运行分析，直到振动衰减到比较低的水平。

通过细化网格和增加经过考虑的模态数量，来验证瞬态分析结果的正确性是一个很好的习惯。从细化后的分析中得到的结果和初始分析的结果应该相差不会太大。如果相差很大的话，说明初始分析的结果不正确，此时必须考虑更多的模态数量和更细的网格。此外，如果分析中忽略了某些重要的结构模态，这种情况也有可能发生。

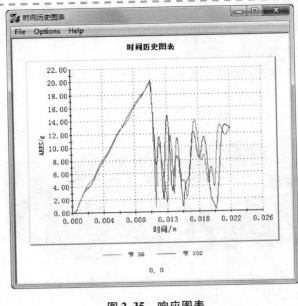

图 2-35 响应图表

2.2 总结

在本章中，按照 MIL-STD-810G 中方法 516.5 的测试标准分析了一个电子外壳的冲击运动。装配结构的分析需要通过部件的相互作用来定义彼此之间的相对行为。线性动力学研究是一个重要工具，它允许自由和键相互作用，这是线性的，但接触相互作用是非线性的，只能在非线性动力学研究中使用。具体工作如下：

1）在定义了结构的相互作用之后，在线性动力学研究中进行了频率分析，提供了模态振型图和质量参与因子结果，从而能够改进频率（模态振型）和网格的数量。

2）使用模态阻尼模型，并将阻尼比应用于系统内的所有 65 个模态振型。同时添加了一个均匀基础激励载荷来模拟夹具上的加速度，然后确定系统的时间步长。

3）在处理研究之前，先定义了结果选项，以保存两个传感器位置的所有后处理数据，同时战略性地节省了整个模型解决方案步骤。

4）在后期处理中，分析了位移和加速度图解。

练习 2-1 远程质量电子外壳

本练习将通过使用远程质量特征消除 PCB 组件，简化本章算例研究中执行的电子外壳分析。本练习将使用以下技术：

- 频率分析
- 质量参与因子
- 壳的质量参与因素
- 阻尼：用于频率研究的远程质量特性

问题描述：SOLIDWORKS 仿真专业培训课程介绍了用于频率研究的远程质量特性。使用远程质量特征定义的零件或子组件被视为刚性对象，其质量属性通过连接到建模几何结构的刚性杆传递到其质心。使用远程质量功能来简化模型，同时保留模拟的真实感，如图 2-36 所示。

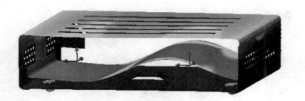

图 2-36　PCB 组件

步骤1　打开装配体　从 Lesson 02 \ Exercises \ Electronics Enclosure 文件夹中打开文件 Electronic Assembly。这与算例研究中分析的装配体相同。

步骤2　定义算例　使用复制功能从完整模型中定义一个新的算例，命名为 Full Model。将新算例与拆分面孔配置联系起来。

步骤3　爆炸装配体

步骤4　定义远程质量　在零件文件夹下，右击零部件 Cap 并选择【视为远程质量】。

在【远程质量的面、边线或顶点】域中选择圆形分割面，来自 Cap 的质量将通过此面进行传递，它位于 PCB 的底面，如图 2-37 所示。

单击【确定】。

对零部件 Chip 重复这一操作，只是这一次需要选择矩形的分割面用于传递载荷，如图 2-38 所示。

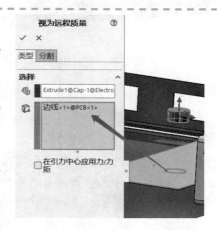

图 2-37　定义远程质量

> **提示** 注意到【视为远程质量】的 PropertyManager 可以让用户为力的传递而创建分割面，在零部件质心应用更多的力和力矩也是可能的。

步骤5　更新 PCB 壳体　更新 PCB 壳体的定义，删除旧的壳定义如图 2-39 所示。

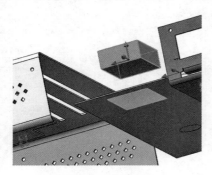

图 2-38　选择分割面

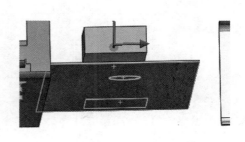

图 2-39　更新壳体定义

步骤6　更新接触　删除 Chip、Cap 和 PCB 之间的接触，更新 PCB 和 Base 之间的接合接触，如图 2-40 所示。

步骤7　取消爆炸视图

步骤8　划分网格　使用之前定义的网格设置如图 2-41 所示。

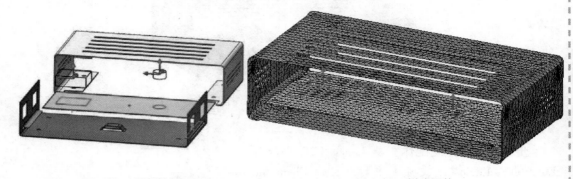

图 2-40　更新接触　　　　　　　　　　　图 2-41　划分网格

注意到有两个零部件被视为远程质量，Chip 和 Cap 没有划分网格。

步骤9　属性　单击【属性】，保持频率的数量为65，在【解算器】中选择【手动】，并选择【Intel Direct Sparse】。

> 提示　在频率算例中，FFEPlus 解算器计算刚性模型，Intel Direct Sparse 解算器计算结构对应的外部载荷。在这里使用 Intel Direct Sparse 解算器来计算远程质量。

步骤10　运行频率分析　运行 65 个模态对应的频率分析。

> 提示　此处有意使用 65 个模态，因为之前的分析中已经表明这个数字是足够的。

步骤11　列举共振频率　列举共振频率，如图 2-42 和图 2-43 所示。通过观察发现某些频率发生了一些改变，而其他的则基本相同。例如，对于导致 PCB 振动的第一个频率就改变了一点，而其他模态对 PCB 不太敏感，因此受到的影响也小很多。这里鼓励用户图解显示更多的模态，并比较两个算例的频率结果。

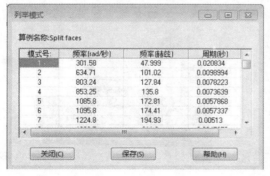

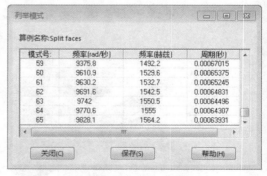

图 2-42　共振频率（一）　　　　　　　　　图 2-43　共振频率（二）

> ⚠️ 注意　在不同的建模方法下，自然频率的阶数有可能发生变化，因此，当用户比较频率时，确保模态保持相同是非常重要的。

因为最后一个模态几乎相同，所以在这次求解过程中采用相同的时间步长。

步骤 12　列举质量参与因子　X 方向质量参与因子最大值为 0.66，和之前算例中得到的累积数值几乎相等，如图 2-44 所示。

步骤 13　图解显示最后一个模态形状　图解显示数值为 65 的最后一个模态形状，结果如图 2-45 所示。

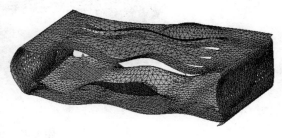

图 2-44　质量参与因子　　　　　　　　图 2-45　最后一个模态形状

这个模态的空间分辨率是符合要求的。

步骤 14　时间步长及分析持续时间　在算例属性中，验证时间步长和分析持续时间分别为 5×10^{-5}s 和 0.022s。

步骤 15　运行动态算例

步骤 16　位移结果　图解显示第 10 步（0.00905s）的【UX:X 位移】分布，结果如图 2-46 所示。

在第 10 步的位移最大 X 分量的数值为 -0.28，可以说和之前分析中的同一数量的最大值基本相同。

【动画】显示这个图解，以验证结果是否符合预期。

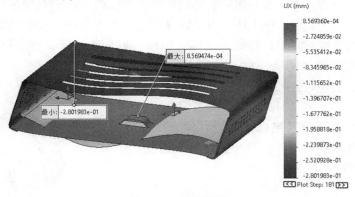

图 2-46　位移结果

> **提示**　和之前的算例一样，零部件相互穿透非常严重，这是由于放大系数是系统默认指定的。用户可以更改这个数值为【真实比例】（或 1:1），以查看结构变形真实的位移大小，可以看到真实的位移要小得多。

步骤 17　加速度结果　查看【ARES:合加速度】图解，观察到最大加速度约为 33.9g，如图 2-47 所示，这个值不同于以往的研究。

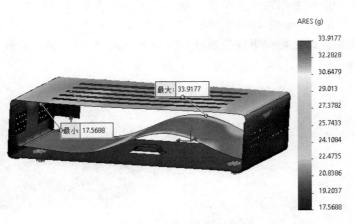

图 2-47　加速度结果

通过在加速度图解上显示网格，可以看到单个草稿质量元素的结果值发生了重大变化，这表明该区域需要进一步的网格细化，如图 2-48 所示。

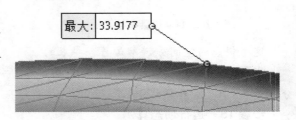

图 2-48　合加速度

总结　在本练习中，通过使用远程质量特征表示非结构几何形状，分析了在算例研究中模拟的电子外壳。通过使用 Intel Direct Sparse 解算器来考虑远程质量，这是在频率研究中考虑外部载荷时所必需的。结果表明，本练习与原始研究位移值相似，但由于感兴趣的位置网格划分较粗，加速度值不同。这个例子表明，在线性动力学研究中，必须收敛多个参数才能得到准确的结果，包括：必须确定适当数量的频率；收敛空间域（网格）以准确地模拟所有模态振型；收敛时域（时间步长）；收敛空间域（网格）专门用于局部结果，如应力和加速度。

练习 2-2　瞬态分析交流发电机支架

在本练习中，将对交流发电机支架进行瞬态振动分析。本练习将使用以下技术：

- 质量参与系数
- 频率讨论
- 阻尼
- 时间步长

问题描述：车用交流发电机安装在普通碳钢制造的支架上，支架用螺栓固定在发动机舱的刚性框架上，如图 2-49 所示。在本练习中，将分析这个支架对车辆以 20km/h 的速度行驶在半正弦波形状的凸起上所产生的瞬态冲击载荷的响应。车辆底盘在颠簸路面上的实测样本响应如图 2-50 所示。

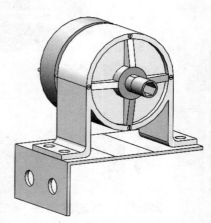

图 2-49　车用交流发电机

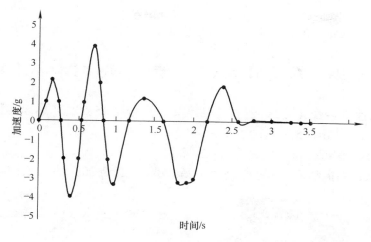

图 2-50 样本响应

操作步骤

    步骤 1 打开装配体 从 Lesson 02 \ Exercises 文件夹中打开文件 Alternator。

    步骤 2 定义算例 定义一个【线性动力】/【模态时间历史】算例，命名为 Transient Analysis。

    步骤 3 定义壳体 在 3 个顶部面上和支架的左侧面上定义厚壳。输入 3mm 的外壳厚度，确定适当的偏移量，如图 2-51 所示。

    步骤 4 定义材料 确保下列材料定义应用于主体：Inner_Body = 铜；Outer_Body = 合金钢；Casing = 合金钢；Shaft = 普通碳钢；Pins = 普通碳钢；Bracket = 普通碳钢。

    步骤 5 排除引脚 从分析中排除所有 4 个引脚部分。

提示 与其余交流发电机部件的质量相比，引脚部件的质量可以忽略不计。

    步骤 6 定义远程质量 激活爆炸视图。在交流发电机的所有剩余部件（Casing、Inner_Body、Outer_Body 和 Shaft）上使用【视为远程质量】功能。使用壳面上的 4 个边来连接每个远程质量，如图 2-52 所示。

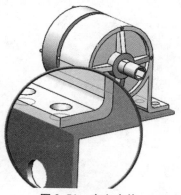

图 2-51 定义壳体

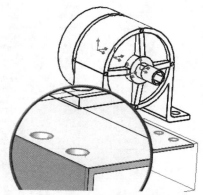

图 2-52 定义远程质量

提示 必须在每个部件上单独使用远程质量功能，远程质量特性不支持组选择。

步骤 7　定义约束　在螺栓孔的两个圆形边缘上定义一个【固定几何体】夹具，如图 2-53 所示。

步骤 8　划分网格　创建【高】品质的【基于曲率的网格】，默认【最大单元大小】为 7.44mm。

步骤 9　属性　单击【属性】，在【频率数】中输入 15，在【解算器】下选择【手动】，并选择【Intel Direct Sparse】。

步骤 10　运行频率分析　单击【运行频率】。

步骤 11　列举共振频率　注意前 15 个共振频率的范围为 30 ~ 5599Hz，如图 2-54 所示。

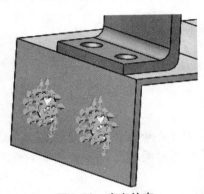

图 2-53　定义约束

图 2-54　共振频率

步骤 12　列举质量参与因子　质量参与因子的累积值远高于推荐值 0.8，如图 2-55 所示。这里可以减少频率的数量来释放计算资源，并允许更多地关注收敛时域（时间步长）和收敛空间域（网格）对结果的影响。

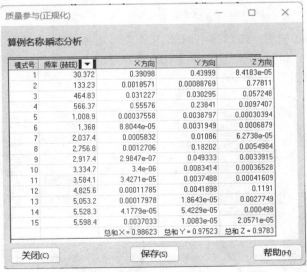

图 2-55　质量参与因子（一）

步骤 13　图解显示质量参与　右击【结果】，选择【定义频率响应图表】，选择【累积有效质量参与系数（EMPF）】，显示大于 80% 的频率。如图 2-56 所示，所有方向在第 8 个频率前达到 80%。

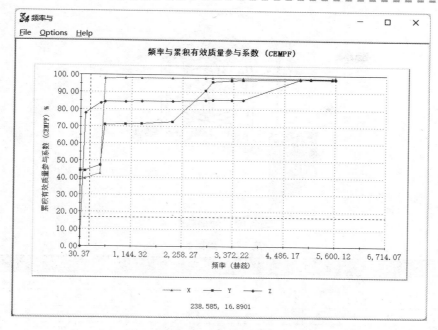

图 2-56　频率响应图

步骤 14　修改频率数后重新运行　单击【属性】，在【频率数】中输入 8，单击【确定】。单击【运行频率】。

步骤 15　重新列举质量参与因子　单击【列举质量参与】，结果如图 2-57 所示，所有方向的数值都大于 0.8。

算例名称:瞬态分析

模式号	频率（赫兹）	X 方向	Y 方向	Z 方向
1	30.372	0.39099	0.43998	8.4476e-05
2	133.22	0.0018542	0.00088511	0.77811
3	464.79	0.031282	0.03033	0.057251
4	566.34	0.5557	0.23837	0.0097414
5	1,008.9	0.00037582	0.0038806	0.00030388
6	1,368.1	8.7987e-05	0.0031956	0.00068776
7	2,037.5	0.00058319	0.010858	6.2699e-05
8	2,756.8	0.0012705	0.18201	0.0054979
		总和 X = 0.98215	总和 Y = 0.90952	总和 Z = 0.85174

关闭(C)　　　保存(S)　　　帮助(H)

图 2-57　质量参与因子（二）

步骤 16　外部载荷　右击【外部载荷】，选择【统一基准激励】，在【类型】下选择【加速度】，指定大小为 1g。以顶平面为参考，使激励方向垂直于顶平面向上，如图 2-58 所示。

在【随时间变化】下选择【曲线】，单击【编辑】，在【曲线数据】下输入指定数据点，见表 2-1。

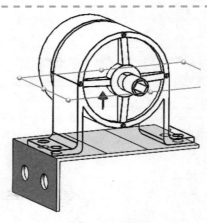

图 2-58　外部载荷

表 2-1　数据表

时间/s	基础加速度/g	时间/s	基础加速度/g	时间/s	基础加速度/g
0	0	0.7	3.93	2	-3.05
0.09	1.02	0.79	2	2.17	0
0.17	2.14	0.83	0	2.37	1.85
0.254	0.987	0.89	-2.04	2.57	0
0.28	0	0.97	-3.3	2.77	0.075
0.324	-2	1.16	0	3	0.06
0.41	-4	1.35	1.2	3.25	0
0.014	0.516	-2	1.61	0	3.37
0.55	0	1.68	-3.24	3.5	0
0.58	0.96	1.91	-3.23		

> **提示**　可以打开 Exercise 文件夹中的文件 Base_motion.csv，并将数据复制、粘贴到表中。

单击【视图】以查看基准运动的轮廓，如图 2-59 所示。

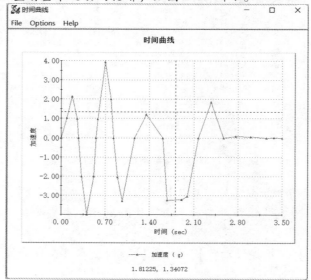

图 2-59　时间曲线

关闭【时间曲线】绘图窗口。单击【确定】两次以关闭【统一基准激发】定义。

步骤 17　定义模态阻尼　为所有 8 种自然模态指定 0.02 的阻尼比率。

步骤 18　计算时间步长-解析最高模态波　仿真中包含的最高共振频率（2749.8Hz）的周期为 0.00036366s。按照前文内容，可以计算出时间步长为

$$\Delta t \leqslant \frac{T_{\text{Natural}}}{10} = \frac{0.00036366}{10}\text{s} = 3.6366 \times 10^{-5}\text{s}$$

步骤 19　计算时间步长-解析加载　通过观察载荷，可以得出主导波信号约为 2Hz（考虑随着时间的推移，波的波峰和波谷视为其在时间中移动）。因此，可以预期这个载荷主要由低频波组成。然而，理解其内容或波谱的最佳方法是应用傅里叶变换（或快速傅里叶变换用于更大的数据集）。必须确保没有意外遗漏高频波的内容，因为这可能会导致一些对高频敏感的结构或电子元器件的损坏。

图 2-60 所示为上面步骤 16 加载历史的傅里叶变换。峰值振幅发生在 2Hz 处，正如预期的那样。然而，也可以观察到 10Hz 处有一些非零频谱。因此，必须确保频率为 10Hz 的波被时间步长分解，此时间步长为

$$\Delta t \leqslant \frac{T_{\text{Load}}}{10} = \frac{\frac{1}{10}}{10}\text{s} = 0.01\text{s}$$

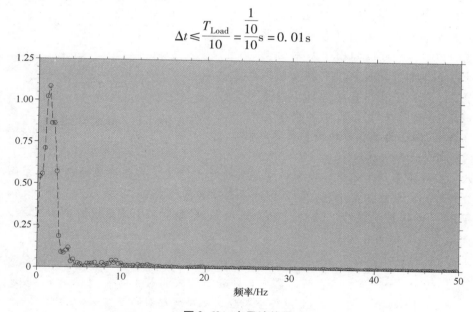

图 2-60　主导波信号

使用最高模态波分辨率的时间步长（3.6×10^{-5}s），因为它更小。

最大数量的时间增量　当前对最大时间步数的限制是线性动力模块中的 10000 个时间增量。在定义研究属性（开始时间、结束时间和时间增量）时，必须考虑此限制。

提示　　　理想情况下，将以 3.6×10^{-5} 的时间增量指定 10s 的结束时间，但是这些组合参数将产生超过 270000 个时间步，远远超过 10000 个时间步的限制。在这里可以系统地解决这个问题，即把大的研究分成更容易管理的小块。

步骤 20　动态属性　单击【属性】，选择【动态选项】选项卡，在【开始时间】中输入 0s，在【结束时间】中输入 2s，在【时间增量】中输入 0.0002。

步骤21　结果选项　在【保存结果】下选择【对于所指定的解算步骤】。在【数量】下选择【相对（于统一基准激发）】和【所有应力分量】。在【解算步骤-组 1】下输入以下数据：【开始】中输入 1，【结束】中输入 10000，【增量】中输入 50。在【图表的位置】下选择【所有跟踪的数据传感器】。预先创建了 4 个传感器来模拟所有 3 个位移分量及其结果。单击【确定】。

步骤22　运行算例　本次运算需要几分钟才能完成。

步骤23　在顶端处图解显示位移结果　右击【结果】，然后选择【定义响应图表】。在【响应】下选择【预定义的位置】。默认情况下，应该选择顶端定义位移传感器的顶点。【Y 轴】选择【位移】和【UY：Y 位移】，单位为 mm。单击【确定】，如图 2-61 所示。

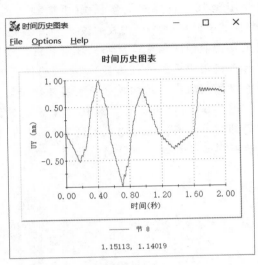

图 2-61　时间历史图表

观察到位移主要遵循施加的低频载荷频率（约 2Hz）。然而，也有一个可见的更高的波被携带。进一步分析表明，它对应于第一自然模态（30Hz），可以归因于基本运动的初始脉冲（在这种情况下，它将随着时间的推移而衰减），或任何具有相对较小功率的高频加载波（使用快速傅里叶变换得出结论，频率高于 10Hz 的加载波的功率表现出相对较小的能量）。

因此，在接下来的步骤中，将增加解算器的时间增量，并在更长的时间内求解模拟。从前面分析可知，解决方案中包含的高频波不会明显影响支架。

步骤24　设置算例属性　选择【动态选项】选项卡，在【结束时间】中输入 10s，在【时间增量】中输入 0.001。

提示　如果时间增量为 0.001，结束时间为 10s，则计算时间增量的最大次数为 10000。此外，在解算器中充分分解的波的最大频率现在只有 100Hz。鉴于上述情况，这可能足以安全地分析基础运动载荷下支架的响应。

步骤25　运行算例　本次运算需要几分钟才能完成。

步骤26　在顶端处图解显示位移结果　如图 2-62 所示，观察到位移仍然主要跟随所施加的载荷（约 2Hz），并且在基本运动停止时达到接近于零的值。

步骤27　创建新的研究　使用本算例创建新的分析，命名为 Time Focused。选择【动态选项】选项卡，在【开始时间】中输入 0.28s，在【结束时间】中输入 0.58s，在【时间增量】中输入 3×10^{-5}，运行分析。

提示　观察峰值位移，并与之前的研究进行比较。指定非零开始时间将忽略所有先前的动量效应。

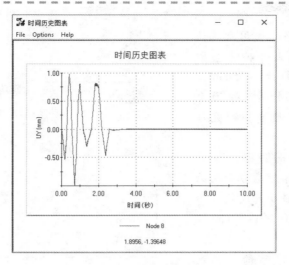

图 2-62　时间历史图表

总结　在本练习中，模拟了安装在车辆上的交流发电机支架以 20km/h 的速度行驶在半正弦波形状凸起上的反应。根据最低大众参与标准，确定 8 个共振频率足以进行分析。然后，进行了几项研究，重点关注时域的收敛性，以找到几何图形末端点的峰值位移。

练习 2-3　远程质量

在本练习中，将对 PCB 进行瞬态振动分析。本练习将使用以下技术：

- 频率分析
- 线性动力分析

问题描述：PCB 用 6 个地脚螺栓固定在底座上，如图 2-63 所示。基座受到半正弦激波的激发，该激波直接传递给支承螺栓。现在想找出 PCB 的响应，并图解显示芯片上位移的变化。

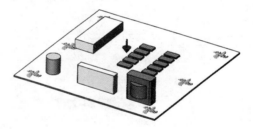

图 2-63　PCB

操作步骤

步骤 1　打开装配体　从 Lesson 02 \ Exercises \ PCB Board 文件夹中打开文件 PCB_Assembly。

步骤 2　定义算例　定义一个名为 Transient Analysis 的【线性动力】/【模态时间历史】算例。

步骤 3　定义 PCB 外壳　定义厚壳 PCB 的上表面，外壳厚度输入 2mm，确定一个合适的偏移量，如图 2-64 所示。

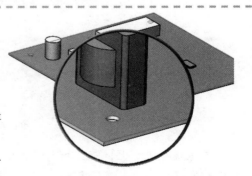

图 2-64　定义 PCB 外壳

步骤 4　定义材料　观察每一个主体，并确保适当的材料属性分配给每个主体，例如 Integrated_Circuits、Transformer 为铜，Chip、Relay 为陶瓷，Board 为环氧树脂，Capacitor 为硅。

步骤 5　定义约束　在螺栓孔的 6 个圆形边缘上定义【固定几何体】夹具。

步骤 6　划分网格　使用默认值创建【高】品质的【基于曲率的网格】，【最大单元大小】为 14.5mm。

步骤 7　运行频率分析　对 30 个共振频率进行【运行频率】研究并求解。

步骤 8　列举共振频率　请注意，最低和最高的共振频率分别约为 43.3Hz 和 955.7Hz。最小时间段（对应最高共振频率）为 0.001s（1ms），如图 2-65 所示。

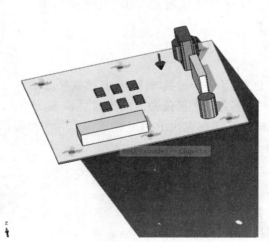

图 2-65　共振频率

模式号	频率(rad/秒)	频率(赫兹)	周期(秒)
1	271.84	43.264	0.023114
2	394.85	62.843	0.015913
3	488.86	77.804	0.012853
4	764.5	121.67	0.0082186
5	1,061	168.86	0.0059219
26			
27	5,120.2	814.9	0.0012271
28	5,389.5	857.76	0.0011658
29	5,698.7	906.98	0.0011026
30	6,004.8	955.7	0.0010464

步骤 9　添加外部载荷　指定【类型】为【加速度】，【统一基准激发】大小为 100m/s²。以 PCB 的顶面为参考，确定向下激发方向，如图 2-66 所示。

图 2-66　添加外部载荷

在【随时间变化】下，指定图 2-67 中的数据点，用于半正弦激波的激发。单击【确定】两次以关闭外部载荷定义。

> **提示**　软件在 0.003s 后假定载荷为 0。

步骤 10　设置算例属性　在【频率选项】选项卡中，【频率数】保持为 30。单击【动态选项】选项卡，将【开始时间】设置为 0s，【结束时间】设置为 0.1s。为了输入

【时间增量】，将使用最高频率的时间段信息。回想一下，在频率研究中，有 30 个频率，第 30 个频率的时间段是 0.001s。选择时间增量大致为用于分析的频率模式的最小时间段数值的 1/10。因此，输入【时间增量】为 0.0001。

 提示 此模拟中的计算步骤总数为 1000。

步骤 11 结果选项 在【保存结果】下选择【对于所指定的解算步骤】。在【数量】下选择【相对（于统一基准激发）】，取消选中【压力和反作用力】（在本练习中，将不讨论后处理压力）。在【解算步骤-组 1】中输入以下数据：【开始】中输入 1；【结束】中输入 1500（大于 1000）；【增量】中输入 10。在【图表的位置】下选择【所有跟踪的数据传感器】，如图 2-68 所示。

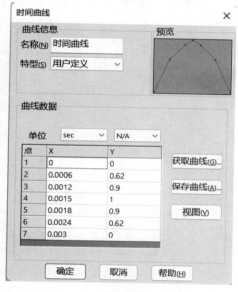

图 2-67 编辑曲线

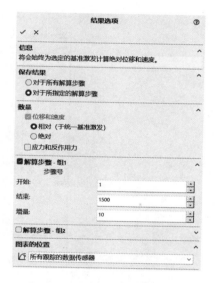

图 2-68 定义结果选项

 提示 预先定义了 4 个瞬态位移传感器，监测芯片一个顶点的所有位移分量。

单击【确定】。

步骤 12 运行算例 本次运算需要几分钟才能完成。

步骤 13 检查位移结果 为最后保存的时间步（100）定义一个【URES：合位移】图解，如图 2-69 所示。

步骤 14 图形芯片顶点上的位移 右击【结果】并选择【定义响应图表】。在【响应】下选择【预定义的位置】，然后选择芯片上的顶点。对于【Y 轴】，选择【位移】和【URES：合位移】，以【mm】为单位。单击【确定】，结果如图 2-70 所示。

⚠️ **注意** 位移不随时间衰减，这是由于本算例的定义中缺乏阻尼。

步骤 15 PCB 的最大保存位移 编辑步骤 13 中的位移图解，在【图解步长】下单击【穿越所有步长的图解边界】，选择【最大】，结果如图 2-71 所示。

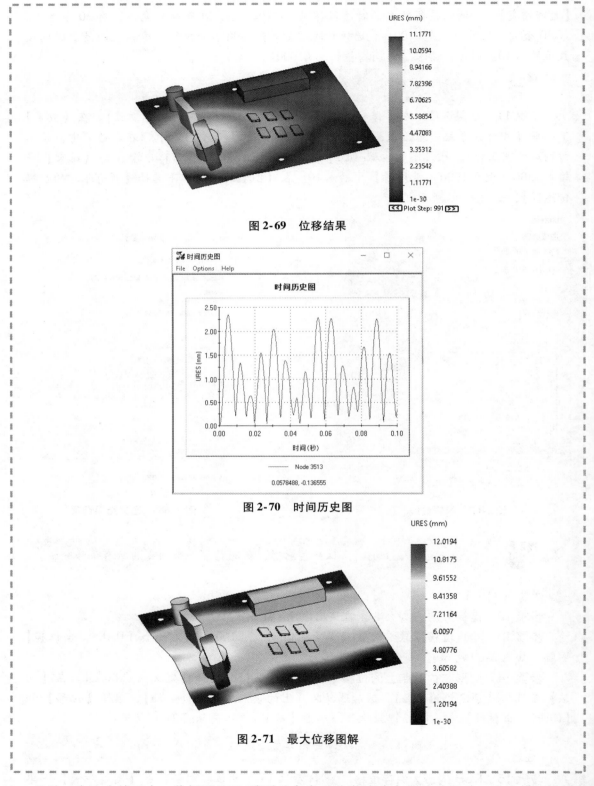

图 2-69　位移结果

图 2-70　时间历史图

图 2-71　最大位移图解

总结　在这个练习中，分析了 PCB 受到垂直半正弦激波冲击的基础运动。这个模型在没有任何阻尼的情况下运行时，振动而不沉降。

第3章　支架的谐波分析

学习目标

● 分析外部载荷随频率变化的模型
● 完成谐波分析

扫码看视频

3.1　项目描述

图 3-1 所示为一个固定着支撑车灯的块状支架，当其安装到车辆上时，在振荡载荷作用下载荷大小取决于发动机的转速（见表 3-1）。现分析支架所受应力及变形，可以使用线性动力中的谐波模块进行分析。

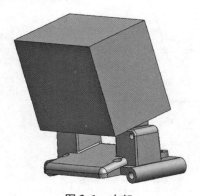

图 3-1　支架

表 3-1　发动机转速及作用在支架上的载荷

转速/（r/min）	载荷/N
0	0
60	4.4
1000	5.8
3000	13.3
5000	15.6
10000	15.6

3.1.1　谐波分析基础

车辆和机动机械在运行过程中经常面临重复的、振荡的载荷条件。

现将振荡载荷定义为以特定频率重复的载荷。在典型的振荡载荷条件下，载荷的大小取决于其频率。例如，如果一辆汽车的轮胎不平衡或车轮错位，汽车内部可能会在轮胎以特定速度旋转时开始晃动，并在更高的速度时下沉。诸如此类的情况不太适合于时域（第1章和第2章）分析，而更适合于频域分析。通过谐波分析扫描单个算例中的工作频率范围，并确定在每个计算频率下结构的最大响应。

正如在第2章中提到的，表征有限元模型的一组复杂的耦合运动微分方程被解耦并简化为一组独立的方程。

为了理解谐波分析，应把重点放在一个单自由度的简单振荡器上，例如系在弹簧上的重物。

3.1.2　单自由度振荡器

单自由度振荡器上加载了简谐振荡力，它可以由运动方程表示为

$$m\ddot{x} + c\dot{x} + kx = F_0\cos\omega t$$

式中，ω 代表力作用下的工作频率；F_0 代表力的幅值（最大值）。从图 3-2 中可以看出简谐力函数的变化，它的解仍然是一个简谐函数，其函数式为

$$x(t) = X\cos(\omega t - \phi)$$

式中，X 代表幅值；ϕ 代表相位。可以观察到在频率等于力作用下的工作频率时，零部件会（在一定时间后）发生振动。

响应的最大值 X 可以通过下面的公式得到：

$$X = \frac{F_0}{\sqrt{(k - m\omega^2)^2 + c^2\omega^2}}$$

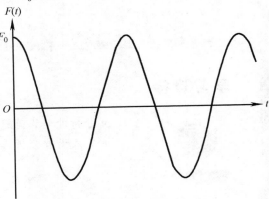

图 3-2　力随时间变化的曲线

因此，在知道操作力参数（F_0 和 ω）及结构特征（k 和 m）时，可以立即计算出结构响应的最大值 X。在谐波分析中指定的输入是 F_0 关于工作频率 ω 的函数，在加载的工作频率 ω 作用下，其结果随最大响应幅值 X 而变化，如图 3-3 所示。

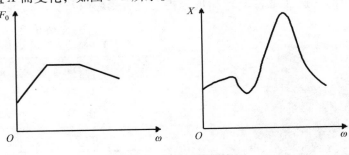

图 3-3　相关函数曲线

3.2　一个支架的谐波分析

在本节中，将对受振荡力载荷的支架进行谐波模拟，载荷大小取决于振荡速度。

操作步骤

步骤 1　打开装配体　打开文件夹 Lesson 03\Case Study 下的文件 Bracket Assm。

步骤 2　定义谐波算例　定义一个【线性动力】算例。在【选项】中，选择【谐波】，将此算例命名为 Harmonic Analysis，如图 3-4 所示。单击【确定】。

步骤 3　定义材料　对零件 Box 指定【AISI 1020 钢】，对 bracket 指定【PE 高密度】。

步骤 4　定义远程质量　在【零件】文件夹下右击 Box，选择【视为远程质量】，选择 bracket 的两个柱形圆孔作为【远程质量的面、边线或顶点】，如图 3-5 所示。单击【确定】。

步骤5　定义约束　右击【夹具】并选择【固定铰链】，选择 4 个柱形圆孔（其轴沿全局 Y 向），如图 3-6 所示。单击【确定】。

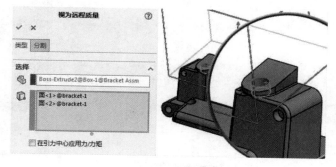

图 3-4　定义谐波算例　　　　　　　　　　　图 3-5　定义远程质量

　　相位　在谐波分析中，大多数外部载荷都包含相位参数。相位决定了载荷在频率周期内达到峰值的时间。当存在多个载荷时，相位成为一个重要的参数，而当分析中只有一个载荷时则不是。这是因为谐波分析中的结果图解只显示了结构在给定频率下的最大结果响应（当谐波分析中只有一个载荷时，其相位不会影响给定频率下循环的最大位移或应力响应）。然而，当谐波分析中存在两个荷载时，结构的响应完全取决于荷载是同相作用（同时作用）还是异相作用（相反时间）。

　　步骤6　添加外部载荷　如图 3-7 所示，添加【力】，选择两个柱形圆孔（其轴沿 Z 向）。在【方向】中选择 Top Plane，在【垂直于基准面】中输入 1N，确保力的方向与图中一致。

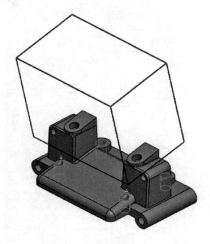

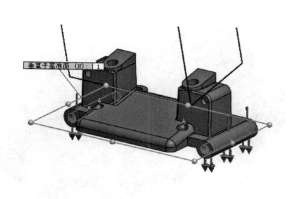

图 3-6　定义约束　　　　　　　　　　　　图 3-7　添加外部载荷

展开【相位角度】，观察数值。在本例中，只定义了一个外部载荷，相位参数对结果没有影响。

在【带频率的变量】选项组中，选择【曲线】并单击【编辑】，如图3-8所示。更改【单位】为 Hz，输入数值，如图3-9所示。

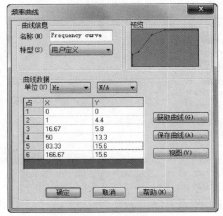

图3-8　选择曲线　　　　　　　　　　图3-9　编辑曲线

> 提示　输入的转速必须转换为以 Hz 或 rad/s 作为单位。为了得到以 Hz 为单位的输入数值，需将给定的转速值除以60。在【频率曲线】对话框和【力/转矩】PropertyManager 中分别单击【确定】。

步骤7　划分网格　生成【草稿】品质的【基于曲率的网格】，将【最大单元大小】和【最小单元大小】分别指定为1.5mm和0.3mm，【圆中最小单元数】指定为8，【单元大小增长比率】指定为1.4，结果如图3-10所示。

> 提示　远程质量无须划分网格。

步骤8　指定算例属性　右击谐波算例并选择【属性】，在【频率选项】选项卡中，【频率数】保持默认数值15，【解算器】指定【Intel Direct Sparse】，如图3-11所示。

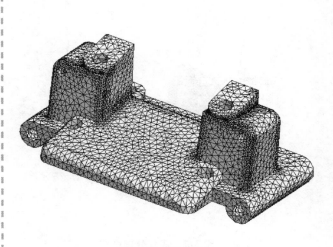

图3-10　划分网格　　　　　　　　　　图3-11　指定算例属性

> **提示** 👆　　当使用远程质量时，由于 FFEPlus 解算器可能遇到收敛问题，因此推荐使用 Direct Sparse 解算器。

步骤9　指定谐波选项　单击【谐波选项】选项卡，在【工作频率限制】下设置【单位】为【周期/秒（Hz）】，【下限】为 0，【上限】为 166，如图 3-12 所示。

步骤10　指定高级选项　单击【高级选项】切换至【高级】选项卡，在【每个频率的点数】中输入 15，在【每个频率的频宽】中输入 0.4，保持默认的【插值】为【对数】，如图 3-13 所示，单击【确定】。

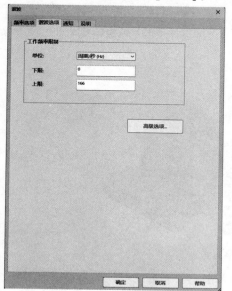

图 3-12　指定谐波选项

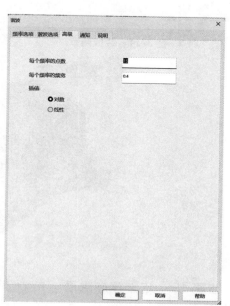

图 3-13　指定高级选项

谐波算例将求解所有包含在要求的频率范围（本例中为 0~166Hz）内的自然频率点，为了正确地扫描整个要求的频率范围，还需要更多的频率点，通过高级选项中的参数对额外频率点的数量和分布进行辅助控制。

【每个频率的点数】：每个频率都由指定数量的额外频率点围绕。

【每个频率的频宽】：在额外频率点分布的地方，这个参数用于控制围绕每个频率的频宽。

【插值】：控制额外频率点的间隔。

关于这些参数的更多信息，请参考 SOLIDWORKS Simulation 的帮助文档。

步骤11　运行频率分析

步骤12　列举共振频率　通过观察发现有两个频率（55.6Hz 和 158.2Hz）落在要求的工作频率范围（0~166Hz）内，如图 3-14 所示。

步骤13　列举质量参与因子　质量参与因子的总和值远高于推荐的数值 0.8，如图 3-15 所示。

步骤14　图解显示更高的模态形状　图解显示更高的（第 15 个）模态形状，结果如图 3-16 所示。最高的模态对应的离散是正确的。

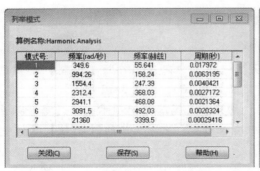

图 3-14　共振频率

图 3-15　质量参与因子

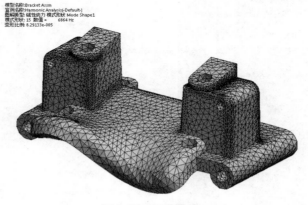

图 3-16　网格分布

步骤 15　定义模态阻尼　定义【模态阻尼】，对所有 15 个模态指定【阻尼比】为 0.03。

步骤 16　结果选项　在【结果选项】中，保留默认设置，所有频率计算点将保留所有模态下完整的结果。

> **提示**　如果问题规模变大，或频率点数增加，对存储空间的需求可能也会急剧上升。

步骤 17　运行算例

步骤 18　位移结果　对最后一个频率步骤图解显示合位移。在【显示】中选择【URES：合位移】，单位选择 m，如图 3-17 所示。确保【图解步长】显示的为分析中计算的最后一个步骤，结果如图 3-18 所示。该图显示指定频率的【最大】结果值，可以注意到工作频率最大位移的上限非常小。

步骤 19　探测位移　在图 3-19 所示的拐角顶点探测位移，这个位移非常接近附着零部件的位移。

步骤 20　图解显示响应图表　在【报告选项】中单击【响应】 📈。图 3-20 所示的【响应图表】显示了在工作频率下这个位置各种数值的位移大小，注意到最大位移发生在第一个共振频率 55.6Hz 处，而在第二个共振频率 158.2Hz 处没有很大的位移。

步骤 21　位移结果　当工作频率与第一个自然频率一致时，图解显示其合位移，如图 3-21 所示。

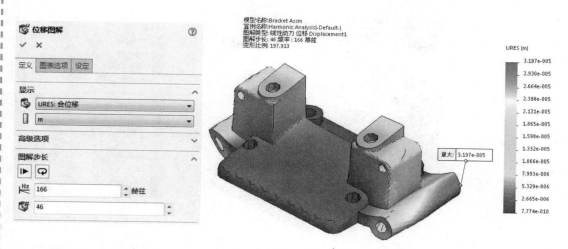

图 3-17　定义位移图解　　　　　　　图 3-18　位移图解 （一）

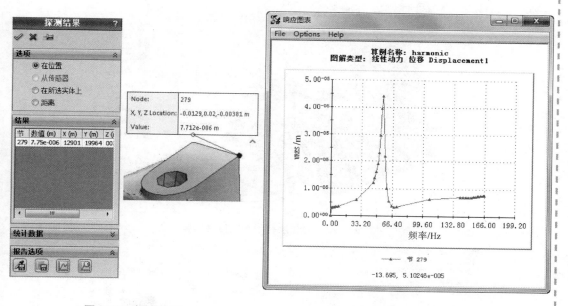

图 3-19　探测位移　　　　　　　　　图 3-20　响应图表

当工作频率为 55.6Hz 时，最大位移的大小为 4.576×10^{-5} m。请注意，该图显示了指定频率下的最大结果位移，但没有提供有关结构在相位变化时的响应信息。

步骤 22　所有频率位移图解　定义一个包络图来探索结构在所有计算频率上的最大位移。编辑任何一个位移图解，单击【图解步长】下的【穿越所有步长的图解边界】↺，如图 3-22 所示。

穿越所有频率步长的最大合位移大小，真实发生在工作频率与第一个自然频率 55.6Hz 重合时。

步骤 23　应力结果　对【von Mises 应力】，要求显示【穿越所有步长的图解边界】的图解。设定【变形形状】为【真实比例】，如图 3-23 所示。

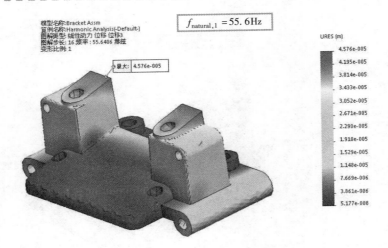

模型名称:Bracket Assm
宣例名称:Harmonic Analysis(-Default-)
图解类型: 线性动力 位移 位移3
图解步长: 16 频率: 55.6406 蒂兹
变形比例 1

最大: 4.576e-005

$f_{natural,1} = 55.6 \text{Hz}$

URES (m)

4.576e-005
4.195e-005
3.814e-005
3.433e-005
3.052e-005
2.671e-005
2.290e-005
1.910e-005
1.529e-005
1.148e-005
7.669e-006
3.861e-006
5.177e-008

图 3-21　位移图解（二）

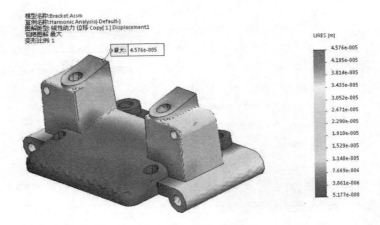

模型名称:Bracket Assm
宣例名称:Harmonic Analysis(-Default-)
图解类型: 线性动力 位移 Copy[1] Displacement1
包络图解 最大
变形比例 1

最大: 4.576e-005

URES (m)

4.576e-005
4.195e-005
3.814e-005
3.433e-005
3.052e-005
2.671e-005
2.290e-005
1.910e-005
1.529e-005
1.148e-005
7.669e-006
3.861e-006
5.177e-008

图 3-22　穿越所有步长的位移图解

模型名称: Bracket Assm
算例名称: Harmonic analysis(-Default-)
图解类型: 线性动力 节应力 Stress1
包络图解 最大
变形比例: 1

von Mises (N/mm^2 (MPa))

2.93933
2.64587
2.35242
2.05897
1.76551
1.47206
1.1786
0.88515
0.591695
0.298241
0.004787

图 3-23　穿越所有步长的 von Mises 应力图解

> 在给定工作频率的范围内，模型中的最大应力约为3MPa。虽然这个数值低于抗拉强度22.1MPa。由于接近强度极限时不安全，用户可能希望将应力限制到一个更小的数值。同时，因为应力最大值发生在支撑位置，可能需要采用更好的建模方法，以获取更加真实的应力结果。

3.3 总结

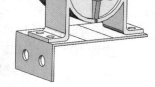

本章使用谐波分析计算了简谐力作用下车灯支撑用支架的响应大小。在每个工作频率下，作用力都显示了不同的大小（本章开始的表格中显示了相关内容），最大的结构响应发生在力作用下的工作频率与支架的其中一个自然频率重合时。为了模拟附着零件的效果，使用了远程质量。临界响应幅度发生在第一个自然频率55.6Hz处。

练习3-1 谐波分析交流发电机支架

在本练习中，将对一个交流发电机支架进行谐波分析。本练习将使用以下技术：

- 谐波分析基础
- 谐波研究性质

图3-24 车用交流发电机

问题描述：车用交流发电机如图3-24所示。交流发电机支架来自练习2-2，将用于谐波研究（考虑发动机的振动）。

操作步骤

步骤1 打开装配体 从 Lesson 03\Exercises\AlternatorHarmonic 文件夹中打开文件 Alternator。

步骤2 定义谐波算例 定义一个【线性动力】/【谐波】算例，命名为 Harmonic analysis。

步骤3 定义壳体 在3个顶部面上和支架的左侧面上定义厚壳。输入3mm的外壳厚度，确定适当的偏移量，如图3-25所示。

步骤4 定义材料 确保下列材料定义适用于主体：Inner_Body 为铜；Outer_Body 为合金钢；Casing 为合金钢；Shaft 为普通碳钢；Pins 为普通碳钢；Bracket 为普通碳钢。

步骤5 排除引脚 从分析中排除所有4个引脚部分。

图3-25 定义壳体

> 提示 与其余交流发电机部件的质量相比，引脚部件的质量可以忽略不计。

步骤6 定义远程质量 在交流发电机的所有剩余部件（Casing、Inner_Body、Outer_Body 和 Shaft）上使用【视为远程质量】功能。使用壳面上的4个边来连接每个远程质量，如图3-26所示。

步骤7 定义约束 将【固定几何体】夹具应用于螺栓孔的两个圆形边缘，如图3-27所示。

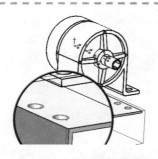

图 3-26　定义远程质量　　　　　图 3-27　定义约束

步骤8　划分网格　创建【高】品质的【基于曲率的网格】，默认【最大单元大小】为 7.44mm。

步骤9　属性　单击【属性】，确保在【频率数】下指定 15。在【解算器】下选择【手动】，并选择【Intel Direct Sparse】。

步骤10　运行频率分析　单击【运行频率】。

步骤11　列举共振频率　注意前 15 个共振频率的范围为 30 ~ 5454Hz，如图 3-28 所示。

列举模式			− □ ×
算例名称:Harmonic analysis			
模式号	频率(rad/秒)	频率(赫兹)	周期(秒)
1	189.53	30.164	0.033152
2	837.05	133.22	0.0075064
3	2,935.3	467.16	0.0021406
4	3,543.6	563.98	0.0017731
5	6,234.7	992.29	0.0010078
6	8,437.3	1,342.8	0.0007447
7	12,572	2,000.9	0.00049979
8	17,277	2,749.7	0.00036368
9	18,185	2,894.2	0.00034552
10	20,606	3,279.6	0.00030492
11	22,062	3,511.3	0.0002848
12	28,731	4,572.7	0.00021869
13	31,206	4,966.6	0.00020135
14	33,910	5,396.9	0.00018529
15	34,263	5,453.1	0.00018338
关闭(C)		保存(S)	帮助(H)

图 3-28　共振频率

 提示　　　观察到只有第 1 个频率包含在基本激励的频率范围内（激励的上限为 100Hz），最高共振频率与最大加载频率之比为 545（5453/100），这个数值是相当高的，表明不是所有的 15 个频率都需要这个模拟。

步骤12　列举质量参与因子　质量参与因子的累积值远高于推荐值 0.8，如图 3-29 所示。

步骤13　添加外部载荷　右击【外部载荷】，选择【统一基准激发】，选择【类型】下的【加速度】，指定其大小为 2g。以顶平面为参考，使激励方向垂直于顶平面向下，如图 3-30 所示。

模式号	频率(赫兹)	X方向	Y方向	Z方向
8	2,466.5	0.00079574	0.22458	0.0063378
9	2,854.1	0.00016774	0.0033374	0.00067239
10	3,277.3	3.7145e-07	0.003009	8.623e-05
11	3,520.6	1.8156e-05	0.0016934	0.00019964
12	4,769.9	8.5336e-05	0.0022112	0.12174
13	4,973.8	0.0001942	7.0544e-05	0.0030628
14	5,443.1	5.7049e-05	2.1944e-05	0.00049589
15	5,496.9	0.0035477	8.3898e-06	3.1009e-05
		X = 0.98611	Y = 0.9748	Z = 0.97832

算例名称：Harmonic analysis

质量参与(正规化)

关闭(C)　　　保存(S)　　　帮助(H)

图 3-29 质量参与因子

在【带频率的变量】选项组中，选择【曲线】并单击【编辑】，指定图 3-31 中的数据点（单位为 Hz）来定义载荷。单击【确定】两次以关闭【统一基准激发】定义。

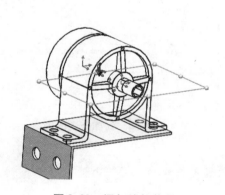

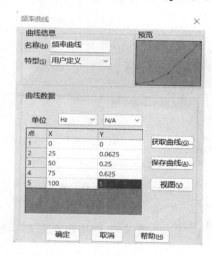

频率曲线

曲线信息　　　　　　　　　预览
名称(N) 频率曲线
特型(S) 用户定义

曲线数据

单位　Hz　N/A

点	X	Y
1	0	0
2	25	0.0625
3	50	0.25
4	75	0.625
5	100	1

获取曲线(G)
保存曲线(A)
视图(V)

确定　取消　帮助(H)

图 3-30 添加外部载荷   **图 3-31 编辑曲线**

步骤 14　定义模态阻尼　指定所有 15 种自然模态的模态阻尼比率为 0.02。

步骤 15　设置算例属性　在【谐波选项】选项卡中，将【下限】指定为 0Hz，【上限】指定为 100Hz。切换至【高级】选项卡，【每个频率的点数】指定为 20。

⚠️ **注意**　因为只有第一个共振频率被包括在基本激发的工作范围内，故将在这个共振频率值周围指定更多的计算点。

步骤 16　结果选项　对于【保存结果】，选择【对于所指定的解算步骤】，其余选项保持默认设置。

步骤 17　运行算例　本次运算大约需要 1min 才能完成。

步骤 18　位移结果　定义【URES：合位移】的包络图。单击【图解步长】下的【穿越所有步长的图解边界】，选择【最大】，结果如图 3-32 所示。

在所有保存的频率阶跃中，最大合位移为 1.1mm。

步骤19　图解显示顶端位移响应图　右击【结果】并选择【定义响应图表】。单击支架顶端的任意节点，如图 3-33 所示。

对于【Y 轴】，选择【位移】和【Y：Y 位移】（单位为 mm），单击【确定】，如图 3-34 所示。

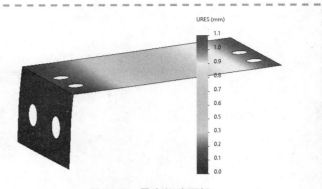

图 3-32　最大位移图解

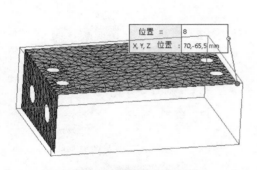

图 3-33　顶端位移响应图

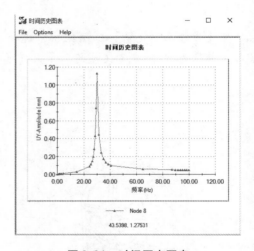

图 3-34　时间历史图表

⚠️ **注意**　最大位移发生在激励基振的频率与支架的第一个共振频率重合时。

总结　在本练习中，分析了一个交流发电机支架（之前练习 2-2 中研究过），并对车用发电机引起的振动进行了谐波分析。虽然初始模态时程分析显示模拟碰撞引起的模态激活很小，但该分析表明，发电机的振动在结构的第一共振频率处产生了显著的模态振动。

练习 3-2　相位效应

在本练习中，将进行两个谐波研究来探索相位参数的影响。本练习将使用以下技术：

- 谐波分析基础
- 相位
- 谐波研究性质

图 3-35　金属板支架

问题描述：金属板支架在两个螺栓孔处承受谐波载荷，如图 3-35 所示。确定两个载荷之间的相位如何影响结构的响应。

操作步骤

步骤1　打开零件　打开 Lesson 03 \ Exercises \ BracketPhase 文件夹中的文件 Phase_Bracket。

步骤2　定义谐波算例　定义一个【线性动力】/【谐波】算例，命名为 In Phase。

步骤3　定义外壳和材料　该部件具有钣金特征和
SOLIDWORKS 中应用的材料，因此算例将车身视为具有预定
义厚度的外壳，并使用了【普通碳钢】。

步骤4　定义约束　将【固定铰链】夹具应用于支撑面
的 4 个螺栓孔，如图 3-36 所示。

图 3-36　定义约束

步骤5　第一次加载　指定一个螺栓孔面的作用力为
100N。参考前平面并定义载荷，使其向下作用，如图 3-37 所示。展开【相位角度】并保
持默认的 0°。

在【带频率的变量】选项组中，选择【曲线】并单击【编辑】，指定图 3-38 中的数
据点（单位为 Hz）来定义载荷。单击【确定】两次以保存力定义。

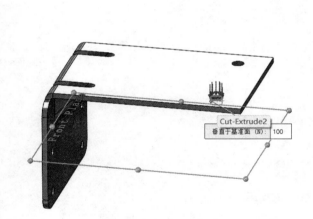

图 3-37　第一次加载力

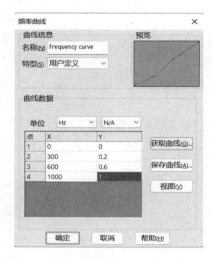

图 3-38　编辑曲线

步骤6　第二次加载　右击步骤 5 中定义的 Force-1，选择【复制】，如图 3-39 所示。
然后右击【外部负载】节点并选择【粘贴】。将新 Force 重命名为 Force-2。

编辑 Force-2，使其作用于相反的螺栓孔面，展开【相位角度】并保持默认的 0°，这
样两个载荷就"同相"了，如图 3-40 所示。

步骤7　定义模态阻尼　指定所有 15 种自然模态的模态阻尼比率为 0.02。

步骤8　划分网格　创建【高】品质的【基于曲率的网格】，【最大单元大小】
为 6mm。

步骤9　复制算例　单击【复制算例】，并在【算例名称】中输入 Out of Phase。

步骤10　异相载荷　在 Out of Phase 算例中编辑 Force-2，展开【相位角】并输入
180°，以定义异相载荷。

58

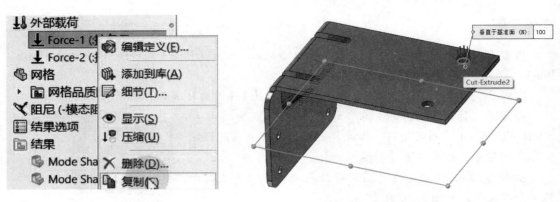

图 3-39　二次加载图　　　　　　　　　　图 3-40　第二次加载力

步骤 11　运行频率分析　启动 In Phase 阶段研究。在【属性】中，确保在【频率数】下指定 15。单击【运行频率】。

步骤 12　列举共振频率　注意前 15 个共振频率的范围为 149～6206Hz，如图 3-41 所示。

列表模式　　　　　　　　　　　　　　　　　□　×

研究名称:In Phase

模式号:	频率(Rad/秒)	频率(赫兹)	周期(秒)
1	938.57	149.38	0.0066945
2	2,443.7	388.92	0.0025712
3	3,385	538.74	0.0018562
4	4,265.9	678.94	0.0014729
5	8,910.1	1,418.1	0.00070518
6	13,649	2,172.2	0.00046035
7	15,432	2,456.2	0.00040714
8	16,994	2,704.7	0.00036973
9	20,523	3,266.3	0.00030616
10	26,011	4,139.7	0.00024156
11	26,126	4,158.1	0.00024049
12	30,699	4,885.9	0.00020467
13	34,105	5,427.9	0.00018423
14	38,659	6,152.8	0.00016253
15	38,993	6,205.9	0.00016114

关闭　　　　　　　保存　　　　　　　帮助

图 3-41　共振频率

提示　在 1000Hz 的上限频率内存在 4 种振型。

步骤 13　绘图模态振型　模态振型如图 3-42 所示。

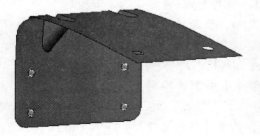

a) 第1模态振型(149Hz)　　　　　　　　b) 第4模态振型(679Hz)

图 3-42　模态振型

第 1 模态振型可能在两个载荷同相时激活，而第 4 模态振型可能在载荷非同相时激活。

预测结果　预测哪个算例将有最显著的变形。为了理解其中的原因，需要单独考虑每个算例。

In Phase（同相）：假设同相位算例主要激活第 1 模态振型，它发生在接近 150Hz 的共振频率上。在 150Hz 时，每个力的最大值为

$$0.1（载荷乘数，在 150Hz 下插值）×100N=10N$$

此外，每个载荷同时（同相）起作用，这具有使载荷加倍的效果。此外，该模态振型存在的低频也意味着它不会振荡得那么快（速度较低），因此它将受到较小的阻尼阻力。

Out of Phase（异相）：假设异相算例主要激活第 4 模态振型，它发生在大约 680Hz 的共振频率上。在 680Hz 时，每个力的最大值为

$$0.68（载荷乘数，在 680Hz 下插值）×100N=68N$$

此时，每个载荷独立行动（异相）。此外，该振型存在于更高的频率，这将更显著地抑制其运动。

选择哪项　判断哪个算例对载荷产生最显著的反应的唯一方法是运行两个算例并比较结果。

步骤 14　研究性质　在这两个算例中，将【上限】频率指定为 1000Hz。

步骤 15　运行算例

步骤 16　比较最大位移　对于这两个算例，定义一个【URES：合位移】图解，单击【穿越所有步长的图解边界】，选择【最大】，结果如图 3-43 所示。In Phase 算例的合位移结果更为显著。

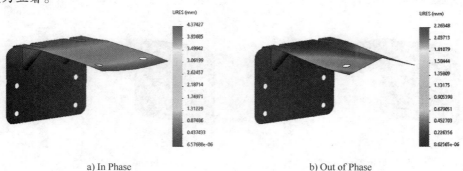

a) In Phase　　　　　　　　　　　　　b) Out of Phase

图 3-43　最大位移结果

⚠ **注意**　　Out of Phase 结果为何在零件的中心显示折痕？这个折痕的出现是因为每一边都经历了一个与相位相关的向下的力载荷，但该图显示了整个周期的最大位移（与相位无关）。

步骤 17　图解显示位移响应图　激活 Out of Phase 算例研究。在图 3-44 所示的两个角位置【定义响应图表】。

在【Y轴】下，指定【位移】和【UZ：Z位移】。在【选项】下单击【相位角】，如图 3-45 所示。

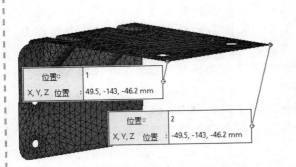

图 3-44　两个角位移响应图

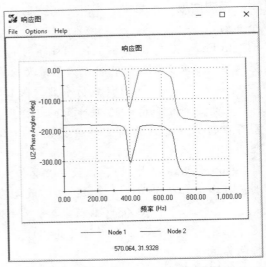

图 3-45　响应图

在这里，可以看到最大位移发生在相对于相位的每个位置，在所有计算的频率中，相位保持 180°的间隔。

步骤 18　比较最大应力　对于这个算例，定义一个【VON：von Mises 应力】图解，单击【穿越所有步长的图解边界】，选择【最大】，结果如图 3-46 所示，In Phase 算例的 von Mises 应力结果较大。

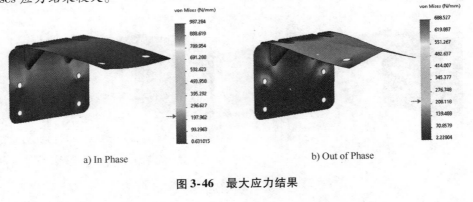

a) In Phase　　　　　　　　　　b) Out of Phase

图 3-46　最大应力结果

总结　在这个练习中，分析了一个支架在经历同相和异相谐波加载时，哪种情况对结构的响应影响最大。在这个练习中，同相加载条件下产生了最大的应力和位移。然而，得出这一结论仍需要单独的进一步研究。

第4章 响应波谱分析

学习目标

- 分析物体在波谱形式载荷作用下的最大响应
- 运行响应波谱分析

扫码看视频

4.1 响应波谱及其分析过程

到目前为止，已经介绍了瞬态分析和谐波分析。在瞬态分析中，计算的是随时间承受某些载荷（曲线）的整个结构响应。用户可以设想一下，考虑到载荷的复杂性和求解过程中使用的自然频率数，时间步长要求进一步减小，使得载荷变得越来越复杂，从而导致瞬态分析可能非常耗时。

有时，用户可能只想知道结构的峰值响应，而不是针对整个时间历史的解。在这种情况下，用户可以使用响应波谱分析。相对瞬态分析而言，它需要的时间更少，同时还可以提供某些瞬态载荷下的敏感细节信息。

4.1.1 响应波谱

响应波谱分析的输入是响应波谱，它被定义为单自由度振荡器相对于自然频率的最大（峰值）响应。

为了构建响应波谱，用户需要随时间变化的瞬态加速度载荷，激发加速度在一定质量和刚度下受制于单自由度的振荡器。如果知道振荡器的质量和刚度，便可以知道它的频率，然后测量振荡器的峰值响应（一般为加速度），这给用户提供了响应频率上的一个数据点。峰值响应绘制在 y 轴，而振荡器的自然频率绘制在 x 轴，如图4-1所示。然后对不同自然频率的振动器重复这个过程，再次测量相同瞬态载荷下的峰值响应，并在响应波谱的基础上绘制图解。用户必须事先手动完成这个步骤，因为在分析中需要输入响应波谱。

4.1.2 响应波谱分析过程

单自由度的振荡器只有一个自然频率。通过计算响应波谱，可获得大量不同单自由度振荡器下的峰值响应。

一个有限元模型含有很多自由度以及很多自然频率，每个自然频率可以参与求解，而且参与的程度取决于加载的方向。拥有载荷下的响应波谱信息（在所有自然频率下的峰值响应），可以计算结构中所有自然频率响应的总和，以得到结构的峰值响应，这也是程序在响应波谱分析中进行的操作。

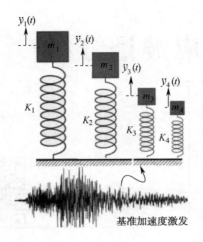

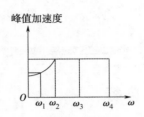

图 4-1　响应曲线

4.2　项目描述

　　本章将对一个电路板在一次非破坏性的抛投中进行响应波谱分析，如图 4-2 所示。当抛投落地时，电路板将受到一次冲击载荷。将一个加速度计固定在电路板的安装位置并运行一个测试，测量瞬态加速度的数据，然后使用上面描述的方法将瞬态数据转换为一个响应波谱，响应波谱将作为分析的输入。下面将使用响应波谱分析来研究这个冲击载荷作用下结构的峰值响应。

图 4-2　测试模型⊖

操作步骤

　　步骤 1　打开装配体　打开文件夹 Lesson 04 \ Case Studies 下的文件 payload。

　　步骤 2　配置　确认激活的配置为 board only，在这个配置中已经压缩了电池组。为了便于分析，假定电路板刚性地连接到电池组上，电池组的刚度远远高于电路板，并假定仿真中得到的载荷数据来自电路板固定在电池组的位置。

　　步骤 3　定义算例　定义一个【线性动力】/【响应波谱分析】算例，并取名为 SRS。

　　提示　　SRS 代表的是冲击响应波谱，波谱来自一个瞬态冲击载荷。

　　步骤 4　定义材料　所有的材料属性自动从 SOLIDWORKS 传递过来，board 由一个壳体模拟，其厚度为 0.5mm。

　　步骤 5　全局交互　确认全局交互的条件被设定为【接合】。

　　步骤 6　定义约束　在电路板连接电池组的背面，指定一个【固定几何体】夹具，如图 4-3 所示。

⊖　测试模型图片来自 TASER International。

　　假定电池组相对电路板而言非常牢固，而且这也是输入基准激发的位置，因此假设这就是数据采集的位置。

　　步骤7　划分网格　采用默认设置划分模型网格，使用【基于曲率的网格】，如图4-4所示。

　　步骤8　设置算例属性　设置算例属性，指定75个【频率数】用于分析。在【解算器】下选择【手动】，并选择【Intel Direct Sparse】。

图 4-3　定义约束

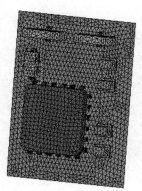

图 4-4　划分网格

　　步骤9　运行频率分析

　　步骤10　列举共振频率　列举共振频率，如图4-5和图4-6所示。

图 4-5　共振频率（一）

图 4-6　共振频率（二）

　　步骤11　列举质量参与因子　列举【质量参与】因子，如图4-7所示。可以看到，在Y方向达到了推荐的质量参与总和值0.8，但需要注意的是，这并不能保证所有重要的模态都包含在模型中。

　　步骤12　图解显示最后的模态形状　对模态形状75生成一个图解，如图4-8所示。图解的形状非常光滑平顺，网格的结果符合要求。和其他动态仿真一样，结果在很大程度上取决于网格的质量。有时需要重新划分网格并重新计算，确保频率的结果不会显著受到网格的影响。

　　步骤13　添加外部载荷　右击【外部载荷】并选择【统一基准激发】，选择【加速度】并指定其在Y方向的大小为1g，如图4-9所示。

在【带频率的变量】下选择【曲线】，单击【编辑】并指定图 4-10 所示的数据点，确保【单位】设置为 Hz，单击两次【确定】。

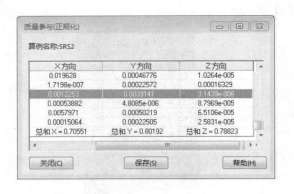

图 4-7　质量参与因子

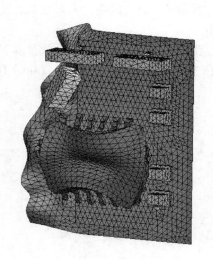

图 4-8　最后的模态形状

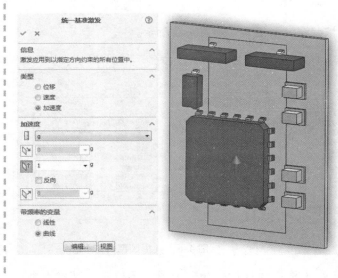

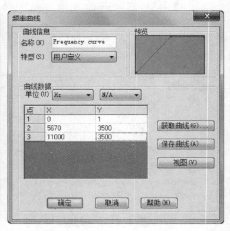

图 4-9　添加外部载荷

图 4-10　编辑曲线

4.2.1　响应波谱输入

输入的响应波谱曲线来自实验的测试数据。在芯片固定的位置加装了一个加速度计，运行一次跌落测试实验，采集实验数据，并在软件中作为输入处理为响应波谱。当生成响应波谱时，最好使用代表激励结构的真实载荷条件的实验数据。如果没有数据可供参考，用户可以参照标准 MIL-STD-810F，对一般的载荷条件采用样例曲线。

实验曲线及用于输入的曲线以图表的形式绘制，如图 4-11 所示。

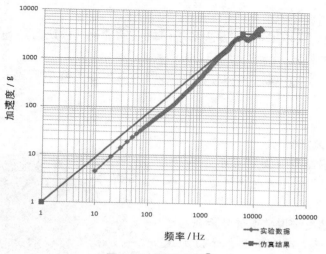

图 4-11　参考曲线⊖

步骤 14　定义算例属性　右击算例名称并选择【属性】，选择【响应波谱选项】选项卡，设置【模式组合方法】为【平方的平方根和（SRSS）】，设置【曲线插值法】为【对数】，如图 4-12 所示。

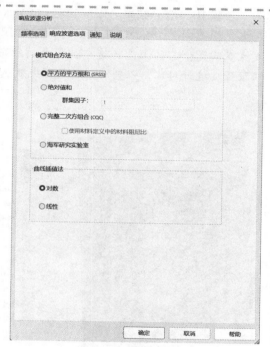

图 4-12　定义算例属性

4.2.2　模态组合方法

模态组合方法用于定义每个模态的响应如何相加，以计算输入激励的峰值响应。每个模态都有几个发生在某些时间节点的峰值响应，为了获取总体的峰值响应，所有单个模态的响应必须求和并包含在结果中。在 SOLIDWORKS Simulation 中，提供了 4 种不同的方法来组合一个结果的峰值，设计者应该自行指定分析中使用的模态组合方法。

1）平方的平方根和（SRSS）：该方法取最大响应平方的平方根之和。

2）绝对值和：该方法假定最大响应发生在相同的时间节点，这是最大响应的一个简单求

⊖　参考曲线图片来自 TASER International。

和，一般用于提供相当保守的结果。

3）完整二次方组合（CQC）：该方法基于随机振动理论，被认为是 SRSS 方法的改进版本，尤其是针对相隔很近的模式。

4）海军研究实验室（NRL）：该方法用于移开所有模态的峰值响应，并将其添加到所有其他模态的 SRSS 中。

步骤15 运行算例

步骤16 位移结果 图解显示合位移。最大位移发生在远离夹具的电路板边缘，如图 4-13 所示。

步骤17 加速度结果 图解显示合加速度，如图 4-14 所示。可以看到，峰值加速度发生在电路板的边缘。

步骤18 应力结果 图解显示 von Mises 应力，如图 4-15 所示。最大应力 59.86MPa 发生在陶瓷小芯片上，将这个数值和材料的屈服强度进行对比，以判断材料是否失效。

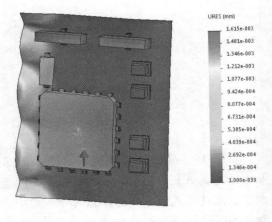

图 4-13 合位移结果

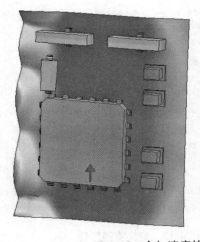

图 4-14 合加速度结果

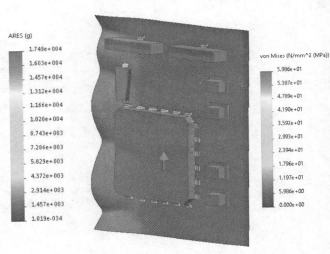

图 4-15 von Mises 应力结果

4.3 总结

在本章中，对一个电路板在一次非破坏性的抛投中进行响应波谱分析，计算了电路板抛投跌落时的峰值响应，从相关实验中获取的数据作为响应波谱曲线输入到软件中。学习了响应波谱是如何生成的，以及如何获得最终解，还讨论了 SOLIDWORKS Simulation 中提供的不同的模态组合方法。推荐用户尝试不同的模态组合方法，以观察结果是如何受到影响的。通常来说，设计者需要自行指定模态组合方法。

对设计的完整性下一个结论是很困难的，通常来讲，电子设备能够承受的最大加速度是已知的，电路板某些部件的折断也可能导致失效。为了对设计下一个结论，用户应该提前知道失效的模式。

第 5 章　基于 MIL-STD-810G 的随机振动分析

学习目标

- 运行随机振动分析
- 理解随机振动分析的输入和输出

扫码看视频

5.1　项目描述

保护电子设备的货柜被安装在轮船甲板上，如图 5-1～图 5-3 所示。本章将参照 MIL-STD-810G 中方法 514.5 的测试标准，分析货柜遭遇随机振动时的性能。测试的结果可以用于检验可能出现的危险设计区域，以及固定在货柜上电子外壳的随机输入水平。分析中的模型包含三个电子外壳，以箱体模型的方式附着在内部货架上。质量及其他相关信息将会在本章中详细说明。

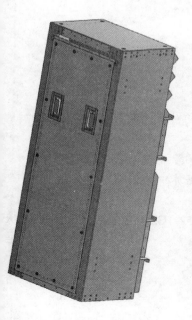

图 5-1　货柜（一）

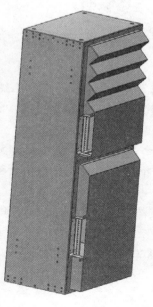

图 5-2　货柜（二）

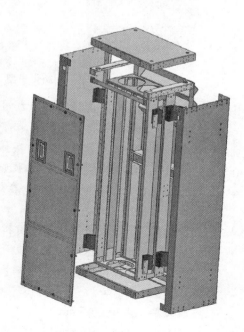

图 5-3　货柜（三）

操作步骤

　　步骤1　打开装配体　打开 Lesson 05\Case Study 文件夹下的文件 300series，结果如图 5-4 所示。请注意装配体已经被简化过了，大量不必要的细小螺栓和定位孔都被压缩起来，以简化网格划分及计算。

　　步骤2　简化并查看模型　分析前面板（front panel）零部件，该面板以滑销的方式连接到余下的组件中，它并不能提供足够的刚度。因此，在分析中可以将前面板拿掉，而它的质量将采用分布的质量特征来替代。确认配置【no front panel】处于选中状态。

> ⚠ **注意**　前面板及其他次要零部件都已经被压缩，代表电子外壳的三个箱体被固定在货柜内部的竖直货架上，如图 5-5 所示。假定外壳非常坚固，每个的质量均为 54kg，其余典型的有效载荷大约为 180kg，将采用分布质量特征来进行修改。

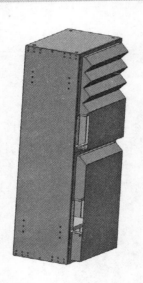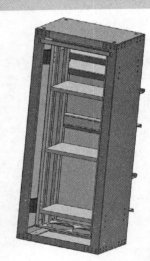

图 5-4　简化模型　　　　　　　　　　　　　图 5-5　内部细节

　　步骤3　随机振动算例　动力学算例 Dynamics-random 已经事先定义完毕。

　　步骤4　查看壳特征　钣金零部件被视为壳体模型，检查相对应的壳特征，橡胶垫和类似直角铁之类的小零件被视为实体模型。

　　步骤5　查看材料　除了橡胶垫之外，所有零部件都由 5052-H32 铝合金制作而成，橡胶垫则由 Neoprene 制作而成。在这个仿真中直接使用了数据库中的橡胶材料，所有材料已经事先指定完成。

　　步骤6　查看设备厚度　查看指定给设备壳特征的厚度。5052-H32 铝合金的弹性模量和 25mm 的厚度能够保证足够高的刚度。

　　步骤7　划分网格　用【草稿】品质的单元划分模型网格，并采用以下【基于曲率的网格】参数：

　　　　最大单元大小：65mm。

　　　　最小单元大小：15mm。

圆中最小单元数：6。

单元大小增长比率：1.5。

一共有三个壳特征连接到 Inner cage 的 EIA RAIL 零部件中。为了简化分析，带有相应厚度的更小质量的壳网格特征（对这些特征指定非常小的质量）被用来近似替代电子外壳，并赋予零部件更高的刚度。然后，外壳的质量将由分布质量特征进行模拟。最后，外壳的质量将由分布质量特征体现，如图 5-6 所示。

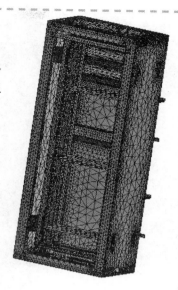

图 5-6　划分网格

步骤 8　交互　在【连结】文件夹下已经定义了多个【接合】类型的交互。查看这些面组，熟悉一下在复杂装配体中混合交互的定义。

因为随机振动分析在本质上是一个稳态类型，它需要接触刚度矩阵而不允许【无穿透】的交互，所以这里没有使用【无穿透】的交互。【无穿透】的交互意味着模型的刚度有可能随着交互条件的改变而发生变化，这个理论的限制并不是一个严重问题，因为通常不需要使用【无穿透】的交互，选择【接合】或【空闲】的交互假设已经足够了。

步骤 9　定义约束　对 BASE WELDMENT 的 10 个开口圆柱面指定【固定几何体】夹具。

技巧🔓　　用户可以使用爆炸视图，以方便定义边界条件，如图 5-7 所示。

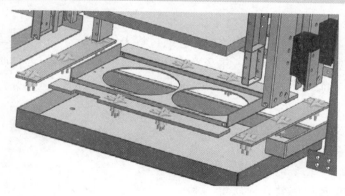

图 5-7　爆炸视图

提示👉　　用户应该选择开口的面，而不是边界。零部件 BASE WELDMENT 是采用实体单元进行模拟的。

步骤 10　Equipment 壳体特征　前面提到，代表刚体附件（Equipment1～3）的更小质量的壳体特征，由于它们的刚度贡献而显得尤为重要。为了减小这些壳体特征的质量参与度，它们的材料质量密度需要设置为一个非常低的值。

查看 Equipment 的壳体特征的材料并确认它们的质量密度为 $10 kg/m^3$，大约是用于制造箱体部件的 5052-H32 铝合金材料的 1/200，如图 5-8 所示。

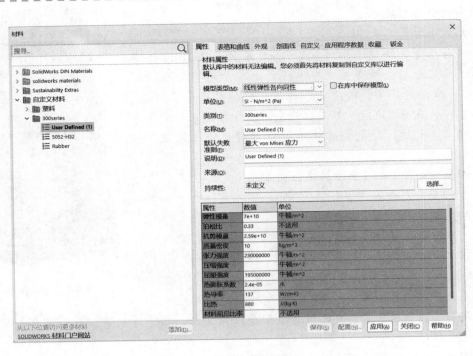

图 5-8　定义材料

5.2　分布质量

分布质量是简化动态分析的第二个特征，它通过将未包括零部件的质量均匀地作用在所选承载面的方式来降低包括零部件的数量（第 2 章中介绍了远程质量）。与远程质量特征相反，在仿真过程中未包括零部件不模拟其刚度。

步骤 11　定义电子外壳的质量　对代表电子外壳的三个壳体特征指定 162kg 的【分布质量】，如图 5-9 所示。

步骤 12　定义其他有效载荷质量　对 EIA RAILS 的前后 8 个竖直面加载 180kg 的【分布质量】，如图 5-10 所示。

步骤 13　前面板质量　对零部件 CORNER POST RIGHT 和 CORNER POST LEFT 的两个前竖直面加载 10kg 的【分布质量】，如图 5-11 所示。

步骤 14　属性　单击【属性】，在【频率数】中输入 65。在【解算器】下选择【手动】，并选择【Intel Direct Sparse】。

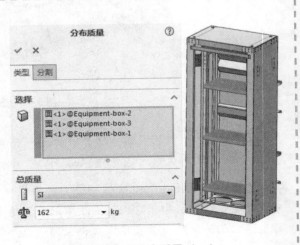

图 5-9　定义分布质量（一）

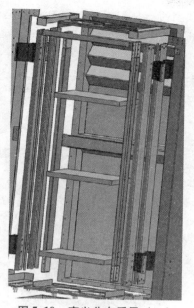

图 5-10　定义分布质量（二）

图 5-11　定义分布质量（三）

步骤 15　运行频率

步骤 16　列举共振频率　最低和最高共振频率分别约为 4.8Hz 和 126Hz，如图 5-12 和图 5-13 所示。

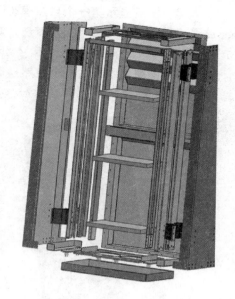

| 列举模式 | | | − □ × |

算例名称:Dynamic - random

模式号	频率（rad/秒）	频率（赫兹）	周期（秒）
1	29.864	4.7531	0.21039
2	32.672	5.1999	0.19231
3	33.79	5.3778	0.18595
4	37.776	6.0123	0.16633
5	49.024	7.8023	0.12817
6	51.134	8.1383	0.12288
7	81.684	13	0.07692
8	122.19	19.448	0.05142

| 关闭(c) | 保存 (S) | 帮助(H) |

图 5-12　共振频率（一）

| 列举模式 | | | − □ × |

算例名称:Dynamic - random

模式号	频率（rad/秒）	频率（赫兹）	周期（秒）
58	724.87	115.37	0.008668
59	727.3	115.75	0.0086391
60	741.22	117.97	0.0084769
61	742.72	118.21	0.0084596
62	755.76	120.28	0.0083138
63	772.9	123.01	0.0081294
64	779.88	124.12	0.0080566
65	790.94	125.88	0.0079439

| 关闭(C) | 保存 (S) | 帮助(H) |

图 5-13　共振频率（二）

步骤 17　列举质量参与因子　图 5-14 中显示的质量参与因子的累积数值推荐对每个方向采用 0.8 的值。在第 2 章已经讨论过，数值 0.8 并不能确保拥有足够的模态用于动力学分析，而且也并不一定需要达到这个数值。判断动力学分析结果的最好方法是确保离散化模型的网格足够精细，并且采用最高的自然模态。同时，在有可能的情况下，通常应当采用更精细的网格和更高数量的模态重新运算，以验证结果是收敛的。

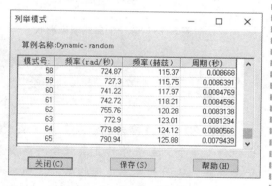

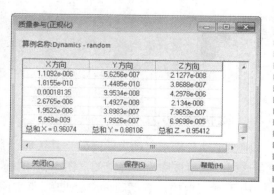

| 质量参与(正规化) | | | − □ × |

算例名称:Dynamics - random

X方向	Y方向	Z方向
1.1092e-006	5.6256e-007	2.1277e-008
1.8155e-010	1.4485e-010	3.8688e-007
0.00018135	9.9534e-008	4.2978e-006
2.6765e-006	1.4927e-006	2.134e-008
1.9522e-006	3.8983e-007	7.9653e-007
5.968e-009	1.9926e-007	6.9698e-005
总和 X = 0.96074	总和 Y = 0.88106	总和 Z = 0.95412

| 关闭(C) | 保存(S) | 帮助(H) |

图 5-14　质量参与因子

步骤18　图解显示第一个自然模态形状　和预期的一样，在第一个自然模态形状中，Inner cage 在弹性装置作用下上下振动，几乎与 Outer cage 没什么关联。用户也可以用动画显示这个模态形状，如图 5-15 所示。

步骤19　图解显示最后一个自然模态形状　图解显示并核实一些靠后的模态形状是否被充分离散，图 5-16 所示为最后一个模态，对应模态#65。

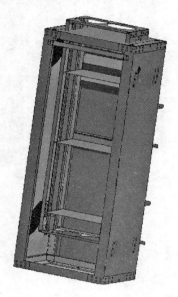

图 5-15　第一个自然模态形状

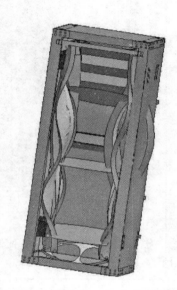

图 5-16　最后一个自然模态形状

> **提示**　在这个（或任意其他的）模态形状图解中，零部件发生了相互穿透，但这并不意味着物理穿透。这是由图解的放大比例引起的，该比例用于放大位移，从而导致看上去发生了相互穿透的效果。

步骤20　验证接合的交互条件　强烈建议用户使用模态形状图解来验证接合的交互，当分析带多个交互条件的复杂混合网格模型时尤其适用。在操作中用户很容易忽略掉一些交互条件，从而产生不正确的结果。粗略地看一遍之后，图解显示几个模态形状，并进行动画演示。然后，通过观察动画来验证接合的条件能够正确起作用，不会发生两个零件或界面分离的事件（这是结果错误或缺失交互条件的一个信号）。

> **提示**　当创建一个复杂的静态应力分析模型时，也可以使用这个有效的步骤。用户必须将所有应力分析特征复制到频率算例中，最终的模态形状将说明潜在的问题。

5.3　随机振动分析

随机振动分析求解动力学问题，其关联的载荷很难（或不可能）使用普通的数学方程式来描述，这样的载荷被称为不确定的。图 5-17 所示为载荷时间关系曲线（载荷历史曲线）的样例。

由于确切地描述载荷时间关系曲线非常困难或不可能，因此通常使用它的统计特征来进行表示。

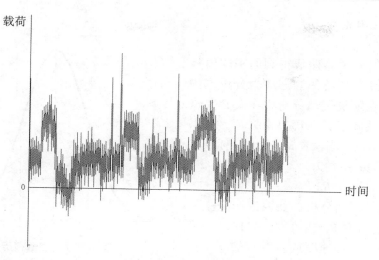

图 5-17　载荷历史曲线

下面将一般性地介绍随机载荷时间关系曲线的假设。

1. 稳定的随机载荷

当统计特征不随时间发生变化时，随机载荷是稳定的。这个假设的推论是，通过收集任意部分的载荷历史数据，可足够获得整个载荷正确的统计特征。图 5-18 所示为稳定的随机载荷历史曲线。

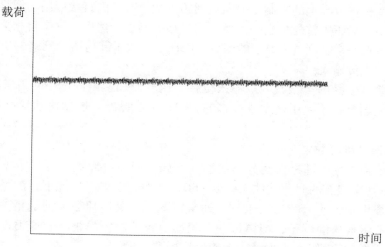

图 5-18　稳定的随机载荷历史曲线

稳定载荷的假设并没有带来太大的困难，因为从工程的角度来讲，一个随机载荷历史的任意部分都可以假定为稳定的。例如，飞机的起飞、巡航和降落代表了飞行过程中三个不同的载荷历史，但在很长的一个时间段内，每一个环节都可以分别视为稳定的。

2. 随机载荷时间关系曲线满足高斯概率分布

图 5-19 给出了一个典型的高斯概率分布的贝尔曲线的例子。

在随机振动理论中使用的基本统计特征如下：

- 平均值：$m = \dfrac{1}{T}\displaystyle\int_0^T x(t)\,\mathrm{d}t$

- 方均根值：$\mathrm{RMS} = \sqrt{\dfrac{1}{T}\displaystyle\int_0^T x^2(t)\,\mathrm{d}t}$

- 方差：$\sigma^2 = \mathrm{RMS}^2 - m^2$
- 标准差：σ

之前的载荷时间关系曲线得到的平均值是一个常数，可以使用传统的静态应力分析方法进行处理，因此在随机振动分析中没有必要这样做，需要将其从随机载荷历史中去掉。可以得到一个重要的结论，当设置 $m = 0$ 时，标准差和方均根值之间的关系式为

$$\sigma = RMS$$

RMS 是从随机振动分析中获取的两个主要结果量之一，从上面的公式可知，它代表最终幅值（位移、速度、加速度或应力）的一个标准差（1σ）。

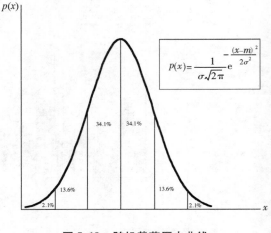

$$p(x) = \frac{1}{\sigma\sqrt{2\pi}}e^{-\frac{(x-m)^2}{2\sigma^2}}$$

图 5-19   随机载荷历史曲线

5.4   功率谱密度函数

由于随机载荷不能在时间域中完全求解，它将通过使用傅里叶变换传递到频率域中，这样将放松关于周期的信息，但是会获取载荷信号的频率内容信息。如此分散的信号随后可用于随机振动分析的输入，和谐波分析类似，随机振动分析将在频率域中执行。

由于傅里叶变换在数学上的限制，上面提到的步骤没有办法直接应用。但是，作为一个替代的方案，可以使用载荷历史首先构建一个所谓的自相关函数。然后，这个自相关函数的傅里叶变换会产生一个关于功率谱密度（PSD）的函数。PSD 还提供了载荷信号频谱的所有信息，并被用作随机振动分析的直接输入。

根据测量的载荷信号的类型，可以输入位移、速度或加速度的 PSD。由于检测设备（振动台）的物理限制，通常并不使用速度或位移的 PSD。工业标准一般使用加速度的 PSD 作为输入载荷描述。

1. 获取功率谱密度函数

功率谱密度函数被用作随机振动分析的输入。如果用户可以提供测量数据（位移、速度或加速度），则可以使用现有的商业软件来获取 PSD，然而，在很多情况下，测量数据并不容易得到。用户有义务提供相关的 PSD 输入数据，通常情况下，设计师必须满足相关的参考标准。本章中将演示一个非常普通的例子，即模拟一个轮船甲板上固定的柜子。这类设计通常必须通过 MIL-STD-810G 标准进行测试，在本章中也使用该标准。

2. 功率谱密度的单位

PSD 的单位为

$$\frac{(\text{Units of Quantity})^2}{\text{Units of Frequency}}$$

对于加速度 PSD，可以使用下面的单位及英制 EPS 单位系统换算：

$$1\left[\frac{g^2}{\mathrm{Hz}}\right] = 386.4^2\left[\frac{(\mathrm{in/s^2})^2}{\mathrm{Hz}}\right] = \frac{386.4^2}{2\pi}\left[\frac{(\mathrm{in/s^2})^2}{\mathrm{rad/s}}\right]$$

在公制系统中，将采用下面的单位换算：

$$1\left[\frac{g^2}{\mathrm{Hz}}\right] = 9.81^2\left[\frac{(\mathrm{m/s^2})^2}{\mathrm{Hz}}\right] = \frac{9.81^2}{2\pi}\left[\frac{(\mathrm{m/s^2})^2}{\mathrm{rad/s}}\right]$$

描述加速度 PSD 的最常用单位是 $\frac{g^2}{Hz}$，它还同时消除了对单位系统的相关性。

PSD 被用作输入量，另外，速度、加速度和应力这些输出量也同等重要。PSD 和振幅的标准差数值是随机振动分析中最重要的两个输出量。

步骤 21　外部载荷（加载加速度 PSD）　根据 MIL-STD-810G 中方法 514.5，对于固定在舰船环境下设备随机振动的功能合格测试，将经受图 5-20 所示的加速度 PSD。

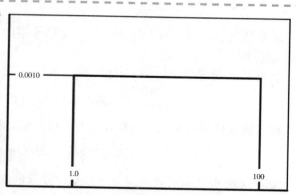

图 5-20　加速度 PSD 曲线

> **注意**　体现结构最高自然模式下的频率为 103Hz，通常情况下应该大于最高的载荷重要频率——100Hz。

加载频率的范围在 1~100Hz 之间，体现舰船上典型材料在特定范围内经受加速振动。

在全局 X 方向指定【统一基准激发】。在【类型】中选择【加速度】，指定单位为 g²/Hz，如图 5-21 所示。单击【编辑】按钮，输入指定的加速度 PSD 曲线数据，如图 5-22 所示。

图 5-21　定义基准激发

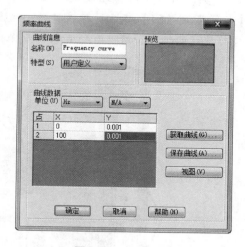

图 5-22　编辑曲线

> **提示**　确保频率的单位设定为 Hz。

5.5　加速度 PSD 的总体水平

功率谱密度函数用于表示随机振动分析中确定的随机载荷。它不仅提供输入信号（加速度）的频率组成信息，还直接提供振动输入的总体水平信息。输入信号的总体水平可以通过整合所需频率范围的 PSD 曲线获得。由于大多数输入的 PSD 曲线都在 g²/Hz 的单位下指定，因此总体水平将采用单位 gRMS （加速度输入信号单位 g 的标准差）进行表达，经常采用符号 GRMS 来表示。

在本例中，对输入的 PSD 曲线进行积分（步骤 21）将得到输入振动的总体水平等于 0.315GRMS。

5.6 分贝

通常情况下，指定输入的 PSD 值或总体水平的输入信号根据分贝（dB）的单位增加或减小。新的数值由以下公式计算：

如果 PSD 曲线的单位为 g^2/Hz，则

$$新的数值 = 老的数值 \left(10^{\frac{\Delta dB}{10}} \right)$$

如果输入信号的总体水平单位为 GRMS，则

$$新的数值 = 老的数值 \left(10^{\frac{\Delta dB}{20}} \right)$$

ΔdB 代表 PSD 曲线数值或总体水平在分贝单位下的增加或减小量。

步骤 22　定义模态阻尼　对所有 65 个模态指定模态阻尼比率为 0.025。

步骤 23　结果位置　由于期望输出量的极值出现在自然频率的位置，因此只需要存储这些位置的完整数据。检查一下定义这些位置的传感器，所选顶点表示重要的位置，即电子装备或其他设备可能安装的地方。同时，还选择了内外柜的位置，以分析柜子结构的输出特征，如图 5-23 所示。

步骤 24　结果选项　在【保存结果】下方，选择【对于所指定的解算步骤】。在【解算步骤-组 1】下方，输入开始、结束及增量数值，如图 5-24 所示。在【数量】下方，保持默认的选择，所有数值会被相应保存。

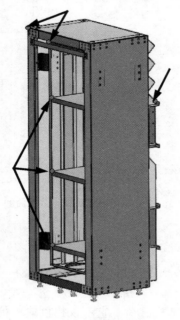

图 5-23　传感器位置

图 5-24　设置结果选项

提示　　【开始】、【结束】及【增量】参数的数值将取决于下一个步骤，即在算例属性中指定的【频率点数】的数值。

对于大的模型及更高数量的频率数据点，需要更大的数据存储空间。PSD 应力的选择在很大程度上提高了对磁盘存储空间的要求。

在【图表的位置】下方，选择图 5-24 所示选项来绘制 PSD 结果，所有频率步长的完整数据保存在这些位置中。

步骤 25　定义算例属性　在算例属性中，单击【无规则振动选项】选项卡，指定单位为【周期/秒（Hz）】。设定激振频率的【下限】和【上限】分别为 0Hz 和 100Hz，在【频率点数】中输入 5，在【关系性】中选择【完全相关】，如图 5-25 所示。

⚠️注意　　一般而言，【频率点数】的值不应该设得太低，因为它直接影响 RMS 结果的精度，此处使用的数值为 5，应当被认定为此类分析的最小值。

步骤 26　设置高级选项　单击【高级选项】切换至【高级】选项卡，【方法】选择【标准】，【高斯积分顺序】选择【2-pt】，【偏置参数】输入 2，【交叉模式切断率】保持为默认值 10 000 000 000，如图 5-26 所示。

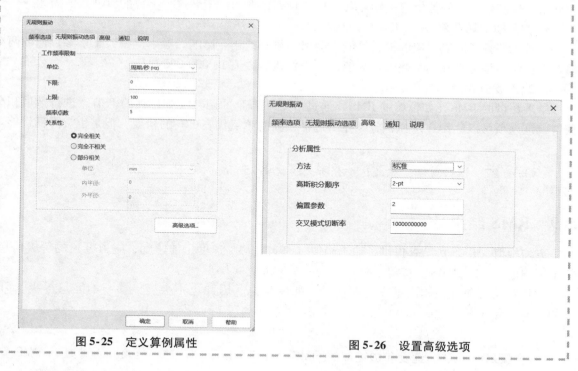

图 5-25　定义算例属性　　　　　　　　　图 5-26　设置高级选项

5.7　随机算例属性

对这个随机算例指定下列参数：

【单位】，【上限】，【下限】：指定单位及加载 PSD 曲线的界限。在某些情况下，指定考虑范围中的上限和下限有可能小于 PSD 曲线的频率界限。

【频率点数】：频率点数的数量可以指定每两个相邻自然频率点之间有多少个点会被考虑在分析中。因为像加速度、位移、速度或应力这些输出量的极值发生在自然频率点，这些频率点会被自动作为数据点。这个参数的数值不应该设得太低，它会影响 RMS 结果的精度。

【关系性】：定义了在求解过程中有限元模型的节点之间需要多大的关联。一般推荐使用【完全相关】选项，只有当系统的计算能力不足时，才考虑使用【完全不相关】选项。【部分相关】选项使用的频率不高，只建议高级用户使用。

5.8　高级选项

1. 方法

【方法】包含下列选项：

- 【标准】：将执行完整的随机振动求解。通常情况下应该采用该选项，除非计算能力不足。

- 【近似】：该方法假定激振数量的 PSD 为局部常数（例如，每个模型都以一个不同的量级在一个白噪声下激振）。只有当系统的计算能力不足且输入的 PSD 类似于局部的白噪声时，才应该采用该选项。本例中的输入 PSD 便是一个很好的例子，因为在整个考虑的频率范围内它都保持为常量。

2. 偏置参数

这个参数定义了【频率点数】选项中指定的频率点是如何分布的。数值 1 可以确保数据均匀分布，任何大于 1 的数值将推动点移至自然频率数据的位置。这个参数的典型数值为 2。

3. 交叉模式切断率

非常大的频率间隔对应的模式可能不会引起显著的相互影响。频率比率大于该参数值的两个模式将被认为是无交互的。建议将数值保持为默认的数值 10 000 000 000。

4. 高斯积分顺序

结果数量的 RMS（如位移的 RMS）通过对结果 PSD 的函数（如位移的 PSD）进行数值积分获得，该选项可以让用户选择积分顺序。选择较高的数值代表更高的精度，但是也会降低性能。

> 步骤27　运行算例　完成这个分析大约需要 25min。

5.9　RMS 结果

方均根值（RMS）结果提供了输出幅值（来自位移、速度、加速度、应力等）的等级信息。假定平均值 $m = 0$，RMS 直接等于输出量的一个标准差（1σ）。

RMS 不会提供任何输出量发生振荡处的频率信息，因此也不会提供参与的能量等级（5Hz 下的 $1in/s^2$ 和 50Hz 下的 $1in/s^2$ 完全不一样）。

> 步骤28　位移、速度和加速度的 RMS　图解显示最终位移、速度和加速度的 RMS，如图 5-27 所示。
>
> 观察得到最大的位移、速度和加速度的 RMS（或 1σ）的值为 4.8mm、159mm/s 及 1.61g。必须将这些数值与用户的规格进行对比，以决定货柜的设计能否通过。注意：位移和速度最大值出现的位置不同于最大加速度出现的位置。
>
> 步骤29　探测结果　使用上面的图解，确定顶部隔板位置的位移、速度和加速度数值，如图 5-28 所示。

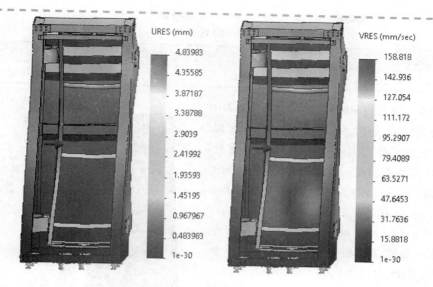

图 5-27　图解显示结果

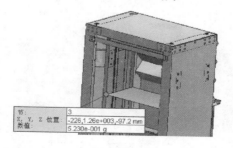

图 5-28　探测结果

　　上图显示了在请求位置处（顶部隔板）的 RMS 最终加速度的大小，表 5-1 概括了该位置所有的 RMS 数值。

表 5-1 RMS 数值

位移	速度	加速度
4.79mm	156.8mm/s	0.52g（近似值 5130mm/s^2）

步骤30 应力的 RMS 图解显示 von Mises 应力的 RMS，如图 5-29 所示。可以看到 von Mises 应力的最大 RMS 为 92.5MPa。这种应力发生在螺栓孔附近，并且连接到另一个组件，由于网格的粗糙性，导致应力分布不均。放大探索，可以看到奇点。

可以观察到，除了螺栓孔的边线外，应力的最大 RMS 出现在螺栓开口之间，柜壁其余部分应力的 RMS 都很小。

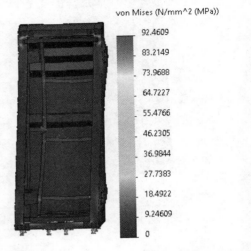

图 5-29 von Mises 应力的 RMS 结果

5.10 PSD 结果

PSD 结果给出了输出的频率特征信息，PSD 并不会提供位移、速度、加速度和应力的真实水平（RMS）的信息。

步骤31 加速度 PSD 图表 单击【定义响应图表】。选择顶部架子上的顶点，用传感器预定义。用【g^2/Hz】为单位图解显示【合加速度】PSD，如图 5-30 所示。

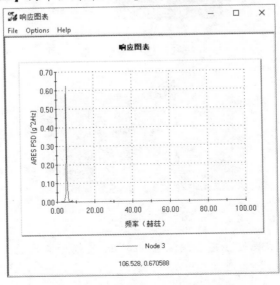

图 5-30 加速度 PSD 的响应图表（一）

　　PSD 是一个基于频率的数量。图表中的数值显示了每个频率如何对应合加速度的输出。可以观察得到，信号上最重要的点出现在频率大约为 5.2Hz 的位置，因此可以得出结论，货柜主要的响应发生在第二个自然频率约为 5.2Hz 的位置。

　　步骤32　加速度 PSD 图表　对中间的隔板在相同位置生成一个同样的图表，如图 5-31 所示。

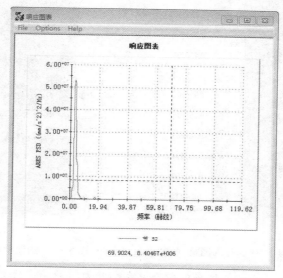

图 5-31　加速度 PSD 的响应图表（二）

　　可以看到最大的变化发生在相同的频率 5.2Hz 处。结合顶部隔板在顶点位置的 RMS 和 PSD 结果，可以得出结论，在 1σ 最终加速度幅度为 0.52g 时，电子外壳将会在 5.2Hz 处发生显著振动；在 68.2% 的时间里将产生相同或类似的幅度。

5.11　高阶结果

　　为了得到更高阶或可能的结果（2σ、3σ 或 4σ 等），用户需要将 RMS 的结果乘以 2、3、4 等。表 5-2 显示了更高 σ 数值的量级，假定输出信号满足高斯分布，则最后一栏列出的是对应的可能性。

表 5-2　更高 σ 数值的量级

量　　级	加速度幅度	可能性
1σ（一个标准差）	0.52g	68.2%
2σ	1.04g	95.4%
3σ	1.56g	99.6%

　　步骤33　加速度 PSD 轮廓图解（一）　使用前一步骤的图解，确定了在频率 5.2Hz 下会发生显著的输出信号。这个频率下的最终加速度 PSD 分布如图 5-32 所示，最大的最终加速度 PSD 数值为 $0.626g^2/Hz$，位于柜子内部的后部，表明这个位置最不舒适。这个最大值必须和用户的限定值进行对比，以确定设计是否可以通过。为了扫描所有频率步长的最大 PSD 值，需要使用包络图解。

步骤34 加速度 PSD 轮廓图解（二） 对最终的加速度 PSD 新建一个图解。在【高级】选项组中，选中【显示 PSD 值】。在【图解步长】下单击【穿越所有步长的图解边界】，最终的边界图解如图 5-33 所示。

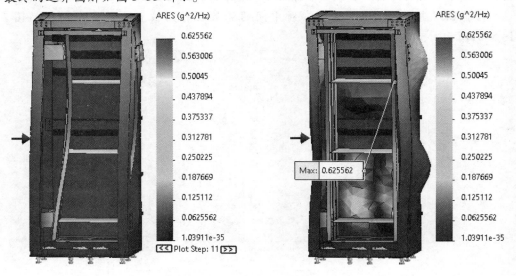

图 5-32 加速度 PSD 的轮廓图解（一）　　图 5-33 加速度 PSD 的轮廓图解（二）

图解中显示的最大值和前面轮廓图解中显示的相同，前面已经知道最大的最终加速度 PSD 值发生在频率 5.2Hz 处。

5.12 总结

在本章中，分析了轮船甲板上固定货柜的性能，根据 MIL-STD-810G 标准中的 514.5 方法，进行了功能性验证的随机测试。

由于模型的复杂性，事先已经定义好了接触及壳体，同时，通过消除所有没有必要的特征，对柜子模型进行了简化。

货柜用于将电子设备固定在内部的轨道中，这类货柜的典型有效负载为 350kg。固定在轨道上的隔板使用了钣金特征进行建模，需要考虑其厚度但忽略其质量和密度，这样可以模拟隔板对于整个货柜刚度的影响。隔板的质量将通过分布质量特征来体现，货柜的前门没有划分网格，它的质量也会使用分布质量特征进行模拟。

还显示了基于 MIL-STD-810G 标准的随机加速度 PSD 输入，讨论了随机振动分析中的基础知识及设置算例过程中的参数。

在最后的部分，显示了随机振动分析中两个主要类型的结果，方均根值（RMS）和功率谱密度（PSD）。RMS 提供结果量（位移、速度、加速度、应力等）的真实幅度，PSD 显示输出内容的频率信息。

练习 5-1　电子设备外壳的随机振动分析

在本练习中，将对一个电子设备外壳进行一次随机振动分析，如图 5-34 所示。本练习将使用以下技术：

- 随机振动分析
- RMS 结果
- 随机算例属性

问题描述：本练习假定固定在轮船甲板上货柜中的电子设备外壳受到随机振动，参照 MIL-STD-810G 中方法 514.5 的测试标准进行性能鉴定试验。如图 5-35 所示，由于外壳是封装在货柜中的，将通过本章计算所得的加速度 PSD 进行加载，得到输出量的 RMS 和 PSD。

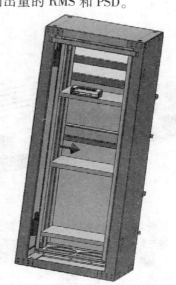

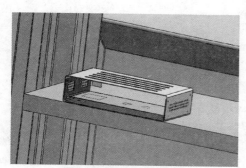

图 5-34　电子设备外壳　　　　　　　　　　图 5-35　货柜

操作步骤

步骤 1　打开装配体　从文件夹 Lesson 05\Exercises\Electronics Enclosure 下打开装配体文件 Electronic_Assembly。

算例 Random Vibration 已经提前定义完毕，它包含的所有模型特征（材料、夹具和接触）与之前在第 2 章中使用的完全相同。

步骤 2　指定加速度 PSD 输入　单击【统一基准激发】，在【单位】下选择【$(m/s^2)^2/Hz$】。【PSD 位移】在-X 方向输入 1 $(m/s^2)^2/Hz$，加速度 PSD 如图 5-36 所示。在【带频率的变量】下，参照 Exercises 文件夹中的数据在软件中输入文件 Acceleration PSD.xlsx 中的曲线数据（在输入曲线值之前，单位指定为 Hz），如图 5-37 所示。

注意，这里输入的 PSD 加速度不同于第 5 章中指定的数值。

> 提示　　基准激发的 PSD 加速度一定要在同一方向进行指定，该方向对应于第 5 章中货柜分析的输入层。由于功能验证测试需要沿着所有三个正交的方向进行仿真，因此有必要分析三次。用户也可以选择在货柜分析中直接包含电子设备外壳箱体，但这将增加网格和问题规模的复杂性，会产生一定的问题。

步骤 3　划分网格　使用【基于曲率的网格】，修改【最大单元大小】为 4mm，生成【草稿】品质网格。

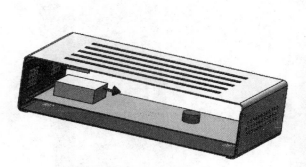

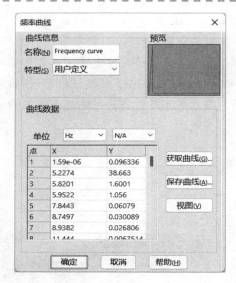

图 5-36　指定加速度 PSD   图 5-37　编辑曲线

步骤 4　运行频率分析　针对 65 个模态运行频率分析。

提示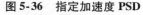　　在第 2 章已经得出过结论，即 65 个模态足够用于该外壳的动态分析。

步骤 5　列举共振频率　列举共振频率如图 5-38 和图 5-39 所示。最低和最高共振频率分别约为 51.0Hz 和 1624.6Hz，如图 5-40 和图 5-41 所示。

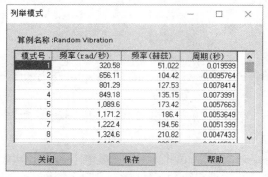

图 5-38　共振频率（一）   图 5-39　共振频率（二）

图 5-40　最低频率   图 5-41　最高频率

步骤6 设置随机算例属性 设置【上限】为100Hz，【频率点数】为2，如图5-42所示。在【高级】选项卡中，设置【偏置参数】为2，如图5-43所示。

步骤7 结果选项 设置【保存结果】选项为【对于所有解算步骤】。

> **提示** 当指定【对于所有解算步骤】时，不会显示【图表的位置】选项组，所有节点结果都已经存储好了。

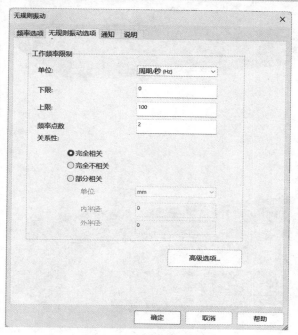

图 5-42 设置算例属性

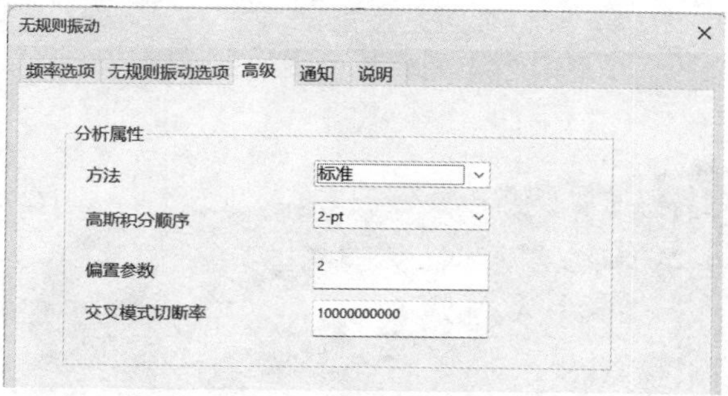

图 5-43 设置高级选项

步骤8 定义模态阻尼 对于所有65个模态，指定【模态阻尼比率】为0.05。

步骤9 运行随机振动算例

步骤10 RMS 结果 因为输入的加速度 PSD 在 X 方向激发外壳，因此所需的结果数值也对应该方向。然而，用户应该经常检查其他方向或合成结果，因为在其他方向也可能存在明显振动。

图解显示 X 方向的位移、速度和加速度的 RMS 结果，如图5-44所示。图解分别显示了位移、速度和加速度的最大 RMS（或 1σ）为 7.6×10^{-4} mm、0.106mm/s 和 0.44g。

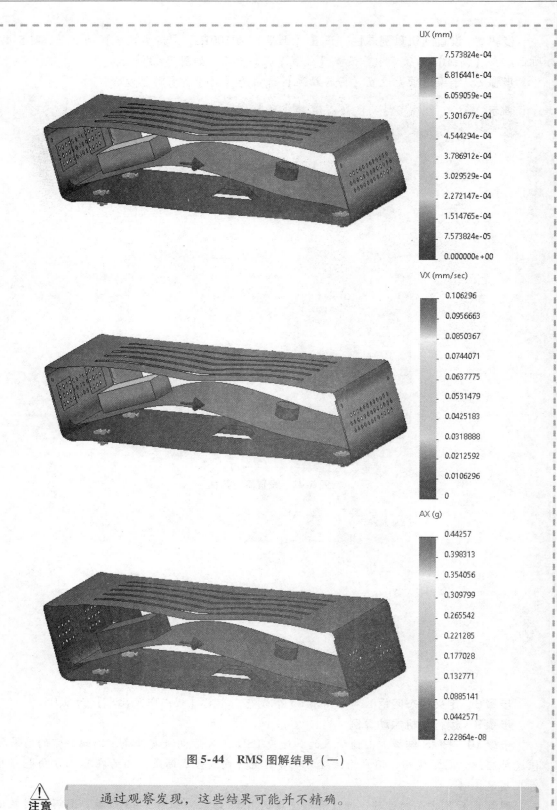

图 5-44　RMS 图解结果（一）

⚠️ 注意　　通过观察发现，这些结果可能并不精确。

随机振动结果的准确性　为了计算准确的 RMS 并正确地完成运算，需要一个最小数量的计算点。在第 4 章中，在每两个相邻的自然频率点之间选择了 5 个点，此外，加载的频率范围（1~100Hz）包含了大量自然频率点（频率范围 1~100Hz 内总的频率点数量为 270），足够用于准确的数值积分和其他计算。

在当前练习中，只在每两个相邻频率点之间选择 2 个点。在 1~100Hz 这个范围内只包含有一个自然频率，点数总和为 5，显然这是不够的。

为了准确求解本算例，需要至少 20（越多越好）个计算数据点，因此需要回到模型中，指定一个更多数量的数据点并比较其结果。

步骤 11　**设置随机算例属性**　将【频率点数】增至 20。

步骤 12　**运行随机振动算例**

步骤 13　**RMS 结果**　图解显示 X 方向的位移、速度和加速度的 RMS 结果，如图 5-45 所示。

87

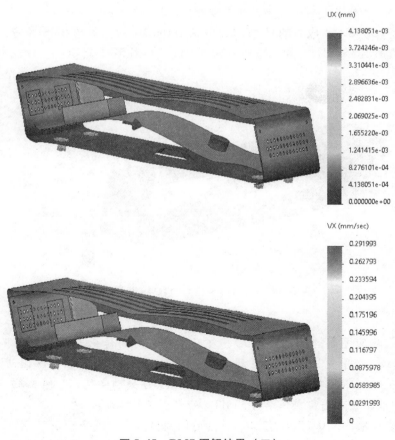

UX (mm)

4.138051e-03
3.724246e-03
3.310441e-03
2.896636e-03
2.482831e-03
2.069025e-03
1.655220e-03
1.241415e-03
8.276101e-04
4.138051e-04
0.000000e+00

VX (mm/sec)

0.291993
0.262793
0.233594
0.204395
0.175196
0.145996
0.116797
0.0875978
0.0583985
0.0291993
0

图 5-45　RMS 图解结果（二）

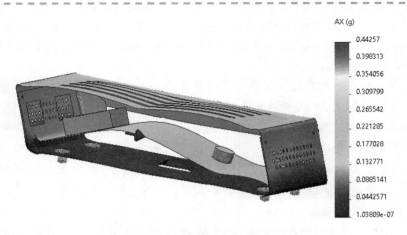

图 5-45　RMS 图解结果（二）（续）

位移、速度和加速度的 RMS（或 1σ）最大值分别升至 4.1×10^{-3} mm（约增加 447%）、0.29mm/s（约增加 175%）和 0.44g（没有增加）。对于加速度，绝对【最大值】保持不变，但外壳上的值发生了显著变化。

步骤 14　von Mises 应力的 RMS　图解显示 von Mises 应力的 RMS 分布，电子外壳的 von Mises 应力的 RMS（1σ）最大值约为 0.40MPa，如图 5-46 所示。

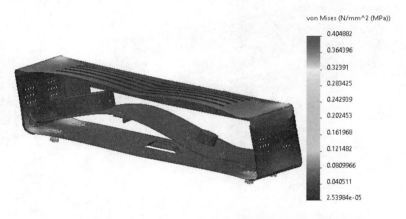

图 5-46　von Mises 应力的 RMS 图解结果

步骤 15　响应图表的加速度 PSD　在两个定义好的传感器位置，图解显示加速度 PSD 响应图表的 X 分量，可以观察到两条曲线的峰值都位于 5.6Hz 附近，其大小为 $0.02g^2$/Hz。除此之外，其他峰值明显小于大约在 17Hz 处的峰值，如图 5-47 所示。

可以得出结论，外壳将在频率为 5.61Hz 处发生显著振动：

1σ 的加速度幅值为 0.27g。有 68.4% 的时间幅值将小于或等于 0.27g。

2σ 的加速度幅值为 2×0.27g $= 0.54$g。有 95.4% 的时间幅值将小于或等于 0.54g。

3σ 的加速度幅值为 3×0.27g $= 0.81$g。有 99.6% 的时间幅值小于或等于 0.81g。

对于 4σ 及更高的结果，或对于应力及其他数值，也可以通过相似方法获得。

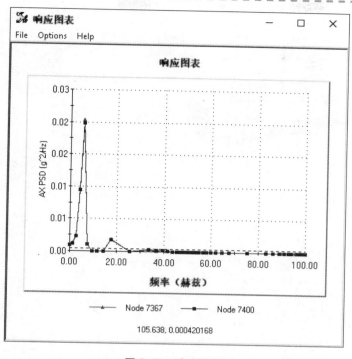

图 5-47　响应图表

练习 5-2　电路板的疲劳评估

在本练习中，将基于随机振动的结果，计算电路板的疲劳评估。

问题描述：在本练习中，外壳固定在相同位置，其货柜受到 Y 方向的相同激励（标准 MIL-STD-810G 中方法 514.5 需要材料沿三个正交的方向激励和分析）。执行和练习 5-1 中相同的方法，分析 Y 方向的激励，且合成的 PSD 曲线存储在文件夹 Lesson 05 \ Exercises 中。

本练习的目标是确定在 3σ 的输出水平下电子元器件的疲劳强度。

操作步骤

步骤 1　打开装配体　打开文件夹 Lesson 05 \ Exercises \ Fatigue of Circuit Board 下的文件 Electronic_Assembly。

步骤 2　查看随机激励　查看应用在 Y 方向的加速度 PSD 激励。使用和第 5 章相同的分析获取这条曲线，如图 5-48 所示。

> 提示　　存储在文件夹 Fatigue of Circuit Board 中的 PSD acceleration Y.csv 文档包含本数据。

步骤 3　观察设置　除了选定的基准激发载荷外，本算例包含的功能和设置与上一练习相同。

步骤 4　求解随机振动仿真

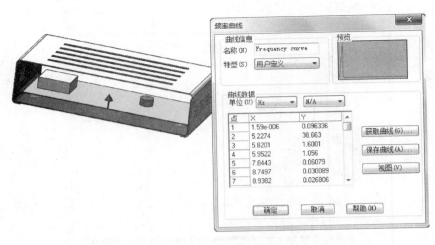

图 5-48 编辑曲线

步骤 5 RMS 结果 图解显示 Y 方向的位移 RMS 结果，如图 5-49 所示。

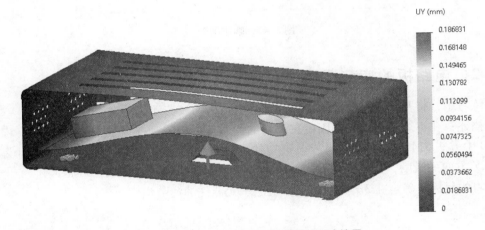

图 5-49 图解显示 Y 方向的位移 RMS 结果

可以看出 Y 方向位移的最大 RMS（或 1σ）数值为 1.8×10^{-1} mm。

步骤 6 PSD 响应图表 图解显示在两个传感器位置加速度和位移 PSD 响应图表的 Y 分量，如图 5-50 和图 5-51 所示。

可以看出两条曲线的峰值都出现在 4.09Hz 附近，加速度和位移 PSD 显示的最大值分别为 $0.17g^2/Hz$ 和 $1.99 \times 10^{-3} mm^2/Hz$。可以将加速度的峰值大小与用户限定的范围进行比较，以确定设计是否可以获得通过。一般而言，只需使用加速度波谱即可。

最重要的结论是，占主导地位的输出振动发生在 4.09Hz 附近，这个数值将用于疲劳计算中。

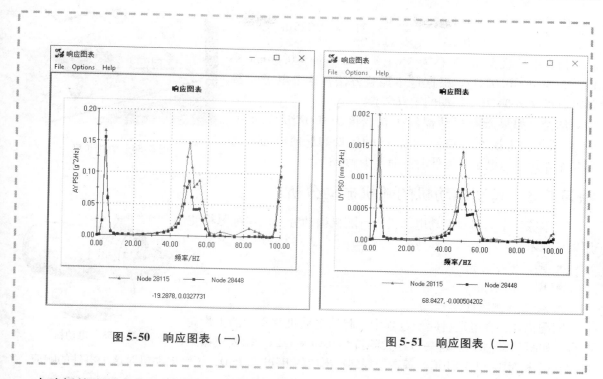

图 5-50　响应图表（一）　　　　　　图 5-51　响应图表（二）

电路板的疲劳　在本练习中，使用来自 *"Vibration Analysis for Electronic Equipment"*（作者 D. S. Steinberg）的经验公式，根据这篇文章，2000 万个周期的 3σ 限定位移可以由下面的公式计算得出：

$$Z_{3\sigma\mathrm{limit}} = \frac{0.00022B}{Chr\sqrt{L}}$$

式中，B 为平行于元器件的电路板边线长度，单位为 in；L 为电子元器件的长度，单位为 in；h 为电路板厚度，单位为 in；r 为固定在电路板上元器件的相对位置因子；C 为不同电子元器件类型的常量，$0.75 < C < 2.25$。

假定电路板包含一个标准双排封装设备，并焊接在图 5-52 所示位置中。设置 $B = 3.36$in，如图 5-53 所示。

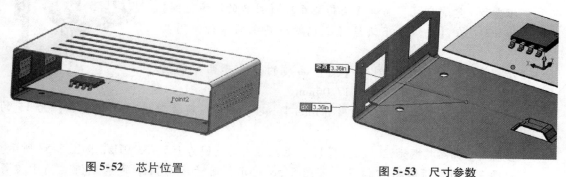

图 5-52　芯片位置　　　　　　　图 5-53　尺寸参数

> ⚠️ **注意**　经验公式中的距离等于支撑之间的距离，而不是整个电路板沿 Y 边线的长度，如图 5-54 所示。

设置 $L = 0.96$in，$h = 0.03$in，$r = 1$（元器件大致位于支撑之间的中间位置），$C = 1$，将这些数值代入上面的公式中可以得到

$$Z_{3\sigma \text{limit}} = \frac{0.00022 \times 3.36}{1 \times 0.03 \times 1 \times \sqrt{0.96}} \text{in} = 0.025 \text{in}$$

仿真中的最大 3σ 位移为 $3 \times 1.8 \times 10^{-1} \text{mm} \approx 0.54 \text{mm} \times$ $1 \text{in}/25.4 \text{mm} \approx 0.021 \text{in}$。根据这个经验方法，这个电子元器件可以承受 2000 万个周期的重复考验。

结论　如果所有振动都发生在幅度为 0.025in 的水平（在随机算法中接近 1.17σ），在 4.09Hz 处的反向应力的主要频率作用下，电子元器件的寿命至少为 58 天。

图 5-54　边线长度

练习 5-3　起动电动机的随机振动分析

在本练习中，将对起动电动机进行随机振动分析。本练习将使用以下技术：

- 随机振动分析
- RMS 结果
- 随机算例属性

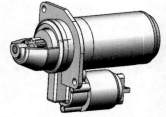

图 5-55　电动机

问题描述：在电动机起动过程中，起动电动机与飞轮的正齿轮啮合，如图 5-55 所示。这一过程大约持续 0.01 ~ 1.2s。输入数据来自于 SAE 和 MIL-STD-810G。现在想找到输出量的 RMS 和 PSD，了解电动机对这个事件的响应。

操作步骤

步骤1　打开装配体　从 Lesson 05\Exercises\Motor 文件夹中打开文件 Starter_Motor。

步骤2　定义算例　定义一个【线性动力】 〜〜/【无规则振动】 〜〜 算例，并将其命名为 random vibration。

步骤3　定义材料　前盖、圆柱壳和后盖采用【1060 铝合金】，小齿轮、轴和螺线管体采用【合金钢】。

步骤4　定义约束　在前盖的两个圆柱孔上定义【固定几何体】夹具，如图 5-56 所示。

步骤5　全局交互　编辑【全局交互】。【接合的缝隙范围】设置为 0%。在【高级】下选择【在相触边界之间强行使用共同节点】。

步骤6　划分网格　创建【高】品质的【基于曲率的网格】，默认【最大单元大小】为 17.06mm。

图 5-56　定义约束

步骤7　运行频率分析　使用【Intel Direct Sparse】解算器进行【频率数】为 15 的【运行频率】研究。

步骤8　列举共振频率　注意前 15 个共振频率的范围为 165 ~ 3379Hz，如图 5-57 所示。

步骤9　列举质量参与因子　如图 5-58 所示，质量参与因子的累积值远高于推荐值 0.8。

步骤10　定义模态阻尼　为所有 15 种模态指定 0.022 的模态阻尼比率。

步骤11　添加外部载荷（加载加速度 PSD）　在【沿基准面方向 2】指定【统一基准激发】。输入 $1\text{g}^2/\text{Hz}$ 作为幅度。输入指定加速度 PSD 曲线数据，如图 5-59 所示。

列表模式　　　　　　　　　　　　　　　— □ ×

算例名称:random vibration

模式号	频率（rad/秒）	频率（赫兹）	周期（秒）
1	1,040.3	165.57	0.0060396
2	3,127.2	497.71	0.0020092
3	4,074.8	648.53	0.001542
4	4,357.7	693.54	0.0014419
5	4,557.5	725.35	0.0013786
6	6,122.9	974.5	0.0010262
7	6,704.9	1,067.1	0.00093711
8	8,592.5	1,367.5	0.00073124
9	9,022.4	1,436	0.0006964
10	12,308	1,958.9	0.0005105
11	13,011	2,070.7	0.00048292
12	16,355	2,602.9	0.00038419
13	18,489	2,942.6	0.00033984
14	20,384	3,244.2	0.00030825
15	21,226	3,378.2	0.00029602

关闭(C)　　　　　保存(S)　　　　　帮助(H)

图 5-57　共振频率

质量参与（正规化）　　　　　　　　　　— □ ×

算例名称:random vibration

模式号	频率（赫兹） ▼	X方向	Y方向	Z方向
8	1,367.7	5.3342e-05	0.00026437	0.001231
9	1,437	0.004266	0.0034216	0.013746
10	1,958.6	0.2307	0.023813	0.001718
11	2,070.5	0.041424	0.10161	0.0023137
12	2,601.8	0.0017951	9.4763e-05	0.00026771
13	2,941.6	7.8388e-05	0.068403	1.8949e-06
14	3,241.8	0.00034815	0.00045201	0.00075611
15	3,357.2	0.014885	9.2785e-05	1.2297e-05

Sum X = 0.87391　Sum Y = 0.89982　Sum Z = 0.98593

关闭(C)　　　　　保存(S)　　　　　帮助(H)

图 5-58　质量参与因子

> 提示　　只有共振频率 165.6Hz、497.7Hz 落在统一基准激发频率的范围内。然而，需要包括更多的频率。在本练习中，最高共振频率与最高统一基准激发频率之比约为 6.7（3378/500），这是可以的。因此，将保持【频率数】为 15。

步骤 12　结果选项　【保存结果】选择【对于所有解算步骤】。在【图表的位置】下选择【Workflow Sensitive1】。

步骤 13　定义算例属性　在算例属性中，在【无规则振动选项】选项卡下，指定【周期/秒（Hz）】作为单位。设置【工作频率限制】的【下限】为 0Hz，【上限】为 500Hz。【频率点数】输入 20。因为只有两个共振频率落在计算范围内，需要包含足够数量的解点来精确地积分 PSD 曲线。保持所有其他设置为默认值。切换至【高级】选项卡，确保【偏置参数】设置为 2，再次将【高级】选项卡上的所有其他设置保持为默认值。

步骤 14　运行算例　本次运算需要几分钟才能完成。

步骤 15　RMS 结果　图解显示位移、速度和加速度的 RMS 结果，如图 5-60 所示。位移、速度和加速度的最大 RMS（或 RMS）分别为 8×10^{-3}mm、2.7mm/s 和 1.45g。

步骤 16　应力的 RMS　图解显示 von Mises 应力的 RMS 结果，如图 5-61 所示。

可以观察到箱体内 von Mises 应力的最大 RMS 约为 6MPa。但是请注意，这种应力是孤立的。为了获得更好的应力结果，需要使用精细网格的解决方案。

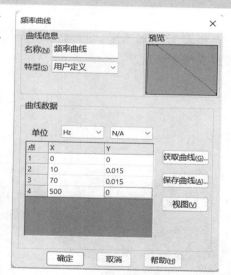

频率曲线　　　　　　　　　　　　　×

曲线信息

名称(N)　频率曲线
特型(S)　用户定义　　▼

预览

曲线数据

单位　　Hz　▼　　N/A　▼

点	X	Y
1	0	0
2	10	0.015
3	70	0.015
4	500	0

获取曲线(G)
保存曲线(A)
视图(V)

确定　　取消　　帮助(H)

图 5-59　编辑曲线

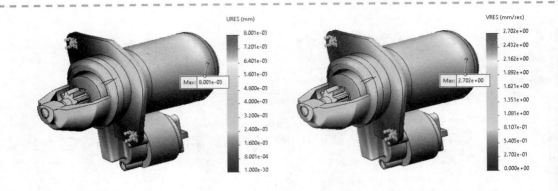

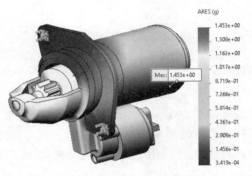

图 5-60　图解显示结果

步骤17　加速度 PSD 响应图表　图解显示【ARES 的响应图】在起动电动机上传感器位置的合加速度，如图 5-62 所示。

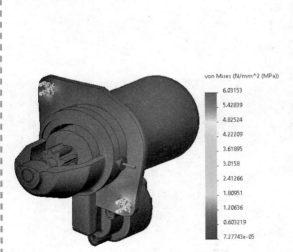

图 5-61　von Mises 应力的 RMS 结果

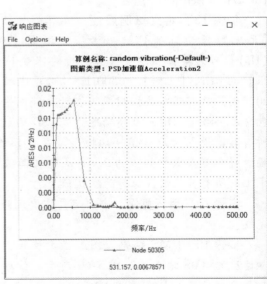

图 5-62　加速度 PSD 响应图表

可以观察到峰值响应的频率约为 57Hz，而不是第一个共振频率 165.6 Hz。这证实了包括足够数量的中间解点的重要性，特别是在只有少数共振频率落在激励极限范围内的情况下。

第6章 随机振动疲劳

学习目标

● 基于随机振动动力学仿真结果进行疲劳分析

扫码看视频

6.1 项目描述

参照 MIL-STD-810G 中方法 514.5 的测试标准，保护电子设备的货柜在第 5 章的分析中完成了功能验证的随机振动测试。在本章中，将继续做随机振动疲劳分析，判断货柜是否能承受这种振动 10 年，如图 6-1 所示。

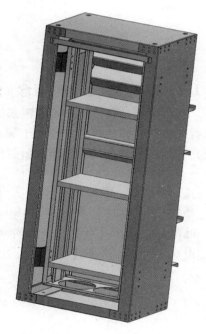

图 6-1　加速度结果

操作步骤

步骤 1　打开装配体　打开 Lesson 06 \ Case Study 文件夹下的文件 300series。

步骤 2　随机振动算例　已经事先定义好了一个随机振动动力算例 Dynamics-random，算例的结果可直接运行。

步骤 3　运行算例　大概需要 25min 完成分析，或者也可以直接使用第 5 章计算的结果。

步骤4　**定义疲劳算例**　生成一个新的名为 Fatigue 的算例，在【类型】中选择【疲劳】，【选项】选择【随机振动的随机振动疲劳】，如图6-2所示。

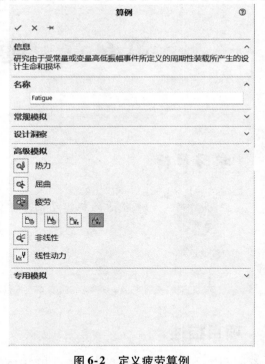

图 6-2　定义疲劳算例

6.1.1　随机振动疲劳的概念

在随机振动环境下运行的零部件疲劳损坏，是根据响应应力的功率谱密度函数在频率范围内进行评估的。振动疲劳（或基于频率的疲劳）是参考随机过程中的加载和响应（应力和应变历史）对疲劳寿命的估值，因此最好使用诸如功率谱密度函数的统计学度量来进行描述。

步骤5　**添加事件**　右击【负载】并选择【添加事件】，在【算例】中选择【Dynamics-random】。在【持续时间】中选择【秒】作为时间单位，输入 315360000s，如图6-3所示。单击【确定】。

图 6-3　添加事件

> **提示**　事件的持续时间 315360000s 对应持续 10 年的使用年限。随机振动动力学仿真得到的疲劳结果附加在时间选项中。如果想要得到使用 20 年后的损坏评估值，需要对 10 年使用年限进行加倍。

6.1.2　材料属性和 S-N 曲线

用于确定疲劳计算的传统 S-N 曲线并不适用于随机振动疲劳，S-N 曲线需要使用 Basquin 方

程通过双对数空间进行线性化：

$$N = \frac{B}{S_r^{m}}$$

式中，N 为疲劳破坏的周期数量；S_r 为疲劳强度的参考数值；m 为 $\log S$ - $\log N$ 疲劳 S-N 曲线的斜率；B 为第一个周期的应力值。系数 B 和 m 必须在【材料】对话框中输入。如果无法获取这些数值，则可以输入传统的 S-N 曲线，软件会自动估算这两个系数。

步骤6　设置材料　对所有零部件编辑材料属性。【源】选项组中的【插值】选择【双对数】。在【S-N 曲线方程式（Basquin 方程式）】选项组中选中【根据 S-N 曲线评估 Basquin 常量】，设置【单位】为 N/m²。单击【文件】打开【函数曲线】对话框，如图6-4 所示。

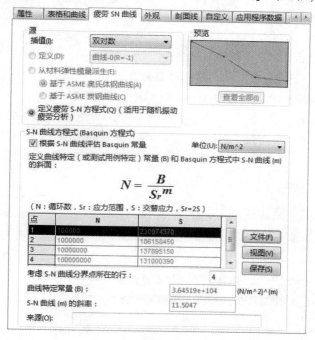

图6-4　设置材料

右击【S-N 曲线】并选择【生成曲线】。将新曲线命名为 Lesson 06 material。保留【应力比率（R）】为 −1，代表完全相反的疲劳，并按照图6-5 输入数据。

确认【单位】为 N/m²。单击【保存】，将曲线文件（ *. cwcur）保存到本章文件夹中，单击【确定】。在【考虑S-N 曲线分界点所在的行】中输入4。

> **提示**　一般而言，S-N 曲线的 Basquin 线性逼近（以双对数插值）取决于包含了多少个数据点。这个方法通常必须考虑第一个点。然而，最后一个点是可以变化的，而且必须要选择它，这样可保证所有主要交替应力周期会体现在结果中。在本章中，所有 4 个 S-N 曲线的数据点都要使用。

软件会通过 Basquin 方程式自动匹配 S-N 曲线。Basquin 方程式按照双对数插值拟合出来的是一条绿色直线，如图6-6 所示。

97

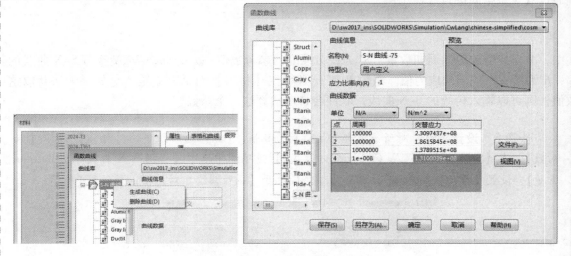

图 6-5　函数曲线

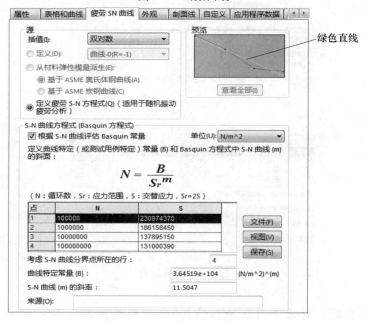

图 6-6　预览

> 提示　在本章中，假定铝 5052、橡胶以及加强板的材料都共享同一条 S-N 曲线。由于只对铝制品的疲劳结果感兴趣，即使橡胶隔振器得到不正确的疲劳数据也无所谓。因此此处应该忽略橡胶隔振器的疲劳结果。

单击【应用】并关闭【材料】对话框。

6.1.3　随机振动疲劳选项

随机振动疲劳可以使用下面三种计算方法：

（1）窄带方法　其中窄带信号峰值的概率密度函数趋于瑞利分布。

（2）Wirsching 方法　考虑到宽频带处理，使用一个经验校正系数来修正窄带方法。

（3）Steinberg 方法　Steinberg 方法假定是随机应力响应的概率密度函数且符合高斯分布，因此应力响应幅度的期望值是和一定的概率水平相关的，相关性如下：

1）68.27% 的可能性是应力周期的幅度不会超过 2 倍的应力响应信号的 RMS。

2）27.1% 的可能性是应力周期的幅度不会超过 4 倍的应力响应信号的 RMS。

3）4.3% 的可能性是应力周期的幅度不会超过 6 倍的应力响应信号的 RMS。

推荐使用三种方法分别进行疲劳计算，考虑最坏结果，可以得到最安全的疲劳设计。

步骤7　算例属性　在算例属性的【选项】选项卡中，【计算方法】选择【窄带方法】，保持其他选项为默认值，如图 6-7 所示。

步骤8　运行算例　几秒便可完成本次分析。

步骤9　显示损坏图解　使用【百分比】数值显示【损坏】图解，如图 6-8 所示。选择图例【最大】到 100 并选择【显示最大注解】。货柜的最大损坏数值非常高，表明该货柜无法经受长时间的振动环境。然而，仍需要对图解结果进行更深入的分析。

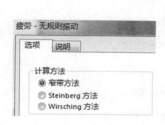

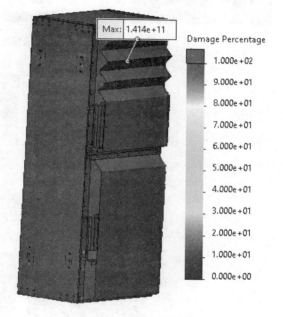

　　图6-7　算例属性　　　　　　图6-8　显示损坏图解

步骤10　查看损坏细节　激活爆炸视图并放大到最大位置。使用探测探索周围的高疲劳区域，如图 6-9 所示。注意到损坏主要集中在螺栓孔周围。在远离螺栓孔的地方，数值下降得非常快。这是符合预期的，因为在同样的螺栓孔附近，很容易出现应力集中的现象。用简化的模型来表示螺栓联接，以正确地模拟整体的结构响应，而不是直接在它们的邻近区域分析应力（和疲劳）结果。当前算例中得到的最终应力和疲劳结果应该忽略。

模型的其余部分出现了非常小的损坏。因为连接部分必须单独分析，所以可以得出结论，货柜的设计是安全的，而且可以经受加载的振动级别长达至少 10 年的时间。

步骤11　显示生命图解　显示【寿命（失效时间）】图解，如图 6-10 所示。选择图例【最大】到 315360000s 并选择【显示最小注解】。最小失效寿命（0.88s）的位置对应着最大损坏的位置。这个位置上文已经鉴定为螺栓联接的位置。需要改善设计或采用其他方法来可靠地评估疲劳性能。对于本仿真而言，0.88s 位置的生命总数是不真实的，应该忽略，模型的其余部分表现的失效寿命要长得多。

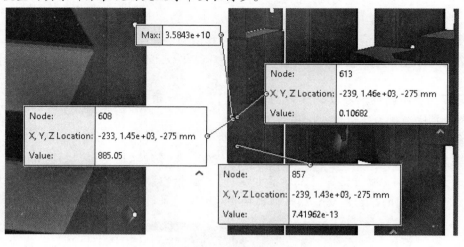

图 6-9　查看损坏细节

图 6-10　显示生命图解

6.2　总结

在本章中，分析了轮船甲板上固定的货柜按照 MIL-STD-810G 中方法 514.5 的测试标准，完成了功能验证时的疲劳强度分析。随机振动的结果在第 5 章中已经计算过。

基于随机振动算例的疲劳算例的设置跟常规疲劳算例的设置很相似，唯一的区别是疲劳曲线（S-N 曲线）和算例属性的输入。随机疲劳需要 S-N 曲线使用 Basquin 方程式并采用双对数插值的方法逼近。用户可以直接输入 Basquin 方程式的系数，或让软件通过输入的 S-N 曲线来估算。

本算例得到的结果表明，货柜可以经受这样的振动级别达 10 年。然而，该结论排除了螺栓联接部分，这需要更深入的仿真或其他计算。

练习　随机振动疲劳悬臂梁

在本练习中，将对安装在激振台上的悬臂梁进行随机振动疲劳分析。本练习将使用以下技术：

- 随机振动疲劳
- 材料属性和 S-N 曲线
- 随机振动疲劳选项

问题描述：将悬臂梁安装在振动台上，进行 30min 的随机振动试验，如图 6-11 所示。现在分析此实验对悬臂梁造成的损坏。

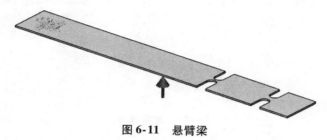

图 6-11　悬臂梁

操作步骤

步骤 1　打开零件　从 Lesson 06 \ Exercises 文件夹中打开文件 Cantilever_beam。

步骤 2　定义算例　定义一个【线性动力】▲/【无规则振动】▲算例，并将其命名为 random vibration。

步骤 3　定义材料　将【铝合金 5454-0】分配到梁上。

步骤 4　定义壳体　在悬臂梁的顶面上定义厚壳。指定适当的【偏移】量，外壳厚度输入 2mm。

步骤 5　定义约束　在圆形边线上添加【夹具】，选择【固定几何体】，如图 6-12 所示。

步骤 6　网格控制　在颈部区域的弯曲边缘上应用默认【网格控件】。

步骤 7　划分网格　创建【高】品质的【基于曲率的网格】，默认【最大单元大小】为 7.81mm。注意壳的顶部和底部的方向。

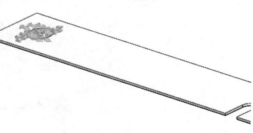

图 6-12　定义约束

步骤 8　运行频率分析　【频率数】设为 15。

步骤 9　列举共振频率　共振频率范围为 14.4 ~ 1570.5Hz，如图 6-13 所示。

步骤 10　列举质量参与因子　如图 6-14 所示，在振动方向（Z 方向）上，质量参与因子的累积值远高于推荐值 0.8。与第 2 章类似，两个平面内方向的值都不是所需值，它们在本例中也不那么重要。

步骤 11　定义模态阻尼　为所有 15 种模态指定 0.02 的【模态阻尼比率】。

步骤 12　添加外部载荷（加载加速度 PSD）　在法线到平面方向上指定【统一基准激发】。输入 $1g^2/Hz$ 作为幅度，结果如图 6-15 所示。

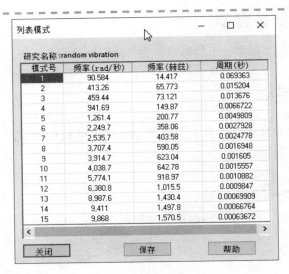

图 6-13　共振频率

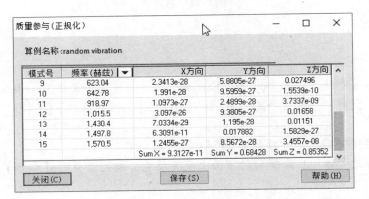

图 6-14　质量参与因子

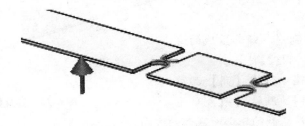

图 6-15　加速度 PSD

指定加速度 PSD 曲线数据，见表6-1。

表 6-1　加速度 PSD 曲线数据

频率/Hz	加速度 PSD/（g²/Hz）	频率/Hz	加速度 PSD/（g²/Hz）
0	0	165	0.6
10	0.048	200	0.6
50	0.12	250	0.54
100	0.24	300	0.21
150	0.33		

还可以使用存储在 Exercise 文件夹中的文件 input_data. xlsx 中的数据。

步骤13　结果选项　【保存结果】选择【对于所有解算步骤】。保持所有其他选项为默认设置。

步骤14　定义算例属性　在【无规则振动选项】选项卡中，指定【周期/秒（Hz）】作为单位。设置【工作频率限制】的【下限】为 0Hz，【上限】为 300Hz。【频率点数】输入 10。保持所有其他设置为默认值。切换至【高级】选项卡，将【偏置参数】设置为 2，所有其他设置保持为默认值。

步骤15　运行算例

步骤16　定义疲劳算例　定义一个新的【疲劳】算例，选择【随机振动的随机振动疲劳】，命名为 Fatigue。

步骤17　添加事件　右击【负载】并选择【添加事件】。将疲劳算例与无规则振动算例联系起来。在【持续时间】下选择【分钟数】，并输入 30min。单击【确定】。

步骤18　设置材料　编辑材料属性。单击【疲劳 SN 曲线】选项卡，在【S-N 曲线方程（Basquin 方程式）】选项组中选中【根据 S-N 曲线评估 Basquin 常量】，设置【单位】为 N/m²。单击【文件】打开【函数曲线】对话框，创建一个名为 Exercise material 的新曲线。保持【应力比率（R）】等于 1。输入数据见表 6-2。

表 6-2　曲线数据

周期/s	交替应力/Pa	周期/s	交替应力/Pa
1e6	200e6	1e8	100e6
1e7	138e6	1e9	72e6

还可以使用存储在 Exercise 文件夹中的文件 input_data. xlsx 中的数据。

步骤19　算例属性　在算例属性的【选项】选项卡中，在【计算方法】下选择【窄带方法】，在【壳体面】下指定应用研究功能的侧面。

步骤20　运行算例

步骤21　显示损坏图解　用【百分比】数值显示损坏图解。将【图表选项】中的【最大】设置为 100，并选中【显示最大注解】，如图 6-16 所示。

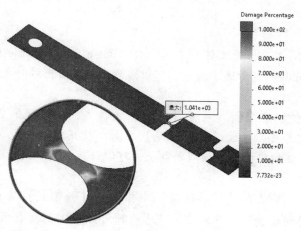

图 6-16　显示损坏图解

总结　悬臂梁的最大损坏在第一颈部处达到最大值，远远超过 1000%。该算例正确地预测了振动试验中发生的损坏位置。颈部靠近侧部部位的损坏较小。

103

第7章　电子设备外壳的非线性动态分析

学习目标
- 运行非线性动态分析
- 比较线性动态分析和非线性动态分析
- 理解何时需要非线性动态分析
- 使用瑞利阻尼

扫码看视频

7.1　项目描述

　　回顾第 2 章中对电子设备外壳运行的动态分析，当时使用的是一个线性动态模型。该模型承受的是一个沿全局 X 轴正向的 20g 载荷。本章将使用相同的模型，并比较线性和非线性动态分析的结果，如图 7-1 所示。

7.2　线性动态分析

　　下面将对电子设备外壳进行一次线性动态分析。

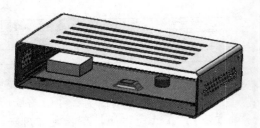

图 7-1　电子设备外壳

操作步骤

　　步骤 1　打开装配体　打开文件夹 Lesson 07 \ Case Studies \ Electronic Enclosure 下的文件 Electronic_Assembly。查看这个模型，可以看到名为 Full model 的线性动态算例已经提前建立完毕。

　　步骤 2　查看线性动态算例　展开【连结】文件夹，注意和第 2 章中用到的十分类似。双击【阻尼】文件夹，查看【瑞利阻尼】参数。使用瑞利阻尼是因为在非线性动态模型中可以使用。保证相同的阻尼模型和数值，可以让用户更好地比较线性和非线性动态分析的结果。

　　查看算例的属性，确认在【频率选项】中指定了【频率数】为 65。在【动态选项】中，确认指定了【时间增量】为 5×10^{-5}，总的时间为 0.022s（在第 2 章中图 2-23 已经计算并解释了这两个参数）。

　　步骤 3　划分网格　单击【生成网格】，选择【基于曲率的网格】，【最大单元大小】中输入 4mm，【最小单元大小】中输入 1.3mm，【网格品质】选择【草稿】，单击【确定】。

步骤4　运行线性动态算例　运行算例 Full model。

步骤5　图解显示位移图表　在图 7-2 所示的点 A 处，图解显示【UX：X 位移】的响应图表，如图 7-3 所示。

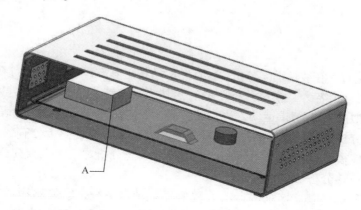

图 7-2　显示位置

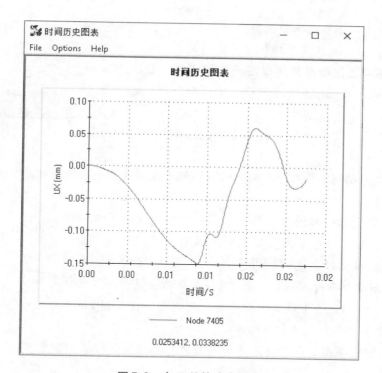

图 7-3　点 A 处的响应图表

可以看出，线性动态分析中在点 A 处 X 方向的最大位移和最小合位移分别为 0.06mm 和 −0.15mm。这个位置的线性动态分析结果将和非线性动态分析的结果进行比较。

7.3　非线性动态分析

接下来将使用非线性动态分析来分析电子设备外壳。

7.3.1　线性与非线性动态分析对比

本教程的前 5 章处理的都是线性动态问题，其中包含 4 种线性分析的类型：

- 瞬态分析
- 谐波分析
- 响应波谱分析
- 随机振动

在第 1 章中讨论过，在线性动态分析中，运动的结构矩阵方程 $[M]\{\ddot{u}\} + [C]\{\dot{u}\} + [K]\{u\} = \{F(t)\}$ 将通过加载一个名为"模态分析"的特定技术来求解。这个方法将上面运动方程的 n 次耦合系统解耦为类似的 m 次解耦运动方程，然后再逐一求解每个方程（n 代表自由度的数量，m 代表用于线性动态分析的自然模态的数量）。这个方法在求解过程中十分有效，但需要结构的自然频率和它们的相应模态（这也是为什么在进行线性动态分析之前，需要先进行频率分析），而且只局限于线性小位移分析（常刚度矩阵）。

然而，非线性分析可以直接求解运动方程的复杂耦合系统，它能够描述各种先进材料模型（von Mises 塑性、超弹性、粘弹性等）的大位移，但这需要更多的计算资源和时间。

步骤6　定义一个非线性动态算例　定义一个名为 Nonlinear dynamics 的算例。【类型】选择【非线性】，并在【选项】中单击【动态】，如图 7-4 所示。

步骤7　给非线性动态算例设定壳体和实体　将上一算例中的【零件】文件夹拖到当前算例中，确认材料属性也一并复制过来。

步骤8　交互　将上一算例中的【接合】文件夹拖到当前算例中。

图7-4　定义非线性动态算例

步骤9　划分网格　将上一算例中的【网格】文件夹拖到当前算例中。在出现的消息中单击【确定】。

步骤10　定义载荷和约束　将上一算例中的【夹具】文件夹拖到当前算例中。由于用户无法复制线性动态算例中的 Base Excitation-1 载荷特征到非线性动态算例中，因此，需要在非线性动态算例中新建一个【统一基准激发】。在全局 X 方向定义峰值为 20g 的载荷，指定一个经典的脉冲波时间曲线，在算例 Full model 中或第 2 章中都使用过相同的曲线。

步骤11　定义模态阻尼　指定【瑞利阻尼】的值 $\alpha = 32.4$，$\beta = 1.4 \times 10^{-5}$，如图 7-5 所示。

图7-5　定义阻尼

提示
在线性动态算例 Full model 中也使用了相同的数值。

7.3.2　瑞利阻尼

在瑞利阻尼中，构建了一个全局的阻尼矩阵，它按比例组合了质量和刚度矩阵，即 $[C] = \alpha[M] + \beta[K]$。

步骤 12　定义非线性动态算例属性　在【求解】的【步进选项】选项组中，输入【结束时间】为 0.022s。在【时间增量】中，选择【自动（自动步进）】，并在【初始时间增量】中输入 5×10^{-5}，【最大】为 5×10^{-5}。在【调整数】中输入 20。在【几何体非线性选项】选项组中，确保选中【使用大型位移公式】。选择【Direct Sparse】解算器，因为对这个模型而言，该解算器比其他解算器快得多，如图 7-6 所示。

> 提示　在本例中，并未使用【最大】时间增量，而是使其等于初始时间增量。为了更准确地比较线性和非线性的结果，必须指定相同的时间步长数值，这样便能使线性和非线性动态分析都能够在相同的高频波中进行求解。

将【调整数】的参数设置为较高的数值，可以允许缩减多次时间步长。当加速度在时间 $t = 0.011s$ 突然回到 0 时，则可能会用到步长缩减。

步骤 13　设置高级选项　切换至【高级】选项卡，在【方法】选项组中，选择【积分】为【纽马克（新标记）法】，保持【NR（牛顿拉夫森）】为首选的【迭代方法】。单击【确定】，关闭对话框，如图 7-7 所示。

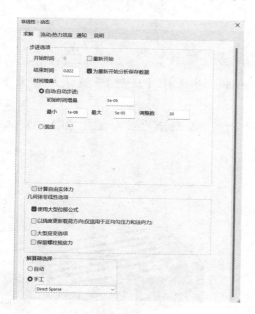

图 7-6　定义算例属性

图 7-7　定义高级选项

7.3.3　时间积分法

Simulation 中包含 3 种积分方法：

（1）修正的中心差分　修正的中心差分时间积分法是一种显式方法，时间步长 $i+1$ 的解是基于时间步长 i 对应的运动方程。这个方法是条件稳定的，需要的时间增量要小于一定的临界时间增量值 $\Delta t_{\text{critical}}$。对于较小的系统而言，这个数值可以通过 $\Delta t_{\text{critical}} = T_n / \pi$ 计算，其中 T_n 是系统中最小的自然周期。

为了估算 $\Delta t_{\text{critical}}$，需要一个迭代方法，它可以计算有限元系统中最高的频率。一旦求解开

始（使用线性刚度矩阵）且临界时间增量被写入输出文件，计算就完成了。由于修正的中心差分法不需要对系统刚度矩阵求逆，但是需要非常小的时间步长增量，因此它适用于高频冲击载荷、碰撞或高频输出（轴向振动）分析。在时间积分过程中使用的时间步长需要不断核对 $\Delta t_{\text{critical}}$，以提高结果的收敛和精度。

（2）纽马克和威尔逊方法 纽马克和威尔逊这两种时间积分法都属于隐式方法，使用时间步长 $i+1$ 的运动方程来计算相同时间（$i+1$）的结果。因此，这些方法是无条件稳定的，它和修正的中心差分法不同，因为它不需要很小的时间步长来收敛得到一个准确的结果，但过大的时间步长会导致不准确的结果。由于使用了更大的时间步长，而且必须在每个时间增量反转刚度矩阵，所以这些方法不应该用于超高频特征的分析。对其他一般规格的动态问题而言，这两种方法是合适的，并应该作为默认首选。

7.3.4 迭代方法

非线性模型提供了牛顿拉夫森及修正的牛顿拉夫森两种迭代方法。

步骤14 结果选项 在【结果选项】中，在【要保存到文件中的数量】下选中【应力和应变】，在【保存结果】下选择【对于所指定的解算步骤】。在【解算步骤-组1】下，输入图7-8所示的数值。在【响应图解】中，选择传感器【Workflow Sensitive1】（这个传感器中指定了点A），如图7-8所示。

提示 为了减小对存储的要求，只要求每5步保存一次。

步骤15 运行算例 右击 Nonlinear Dynamics 并选择【运行】，这次运算需要大约45min。

步骤16 位移结果的时间历史 对 Chip 上的图7-9所示的点A生成【UX：X位移】响应图解，如图7-10所示。

图7-8 定义结果选项

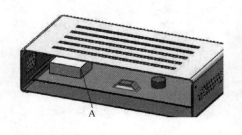

图7-9 指定位置

从非线性动态分析的结果中可以看到，在 $0\sim0.022\text{s}$ 这个时间间隔内，点A处X方向的最大和最小合位移分别为 0.04mm 和 -0.14mm。

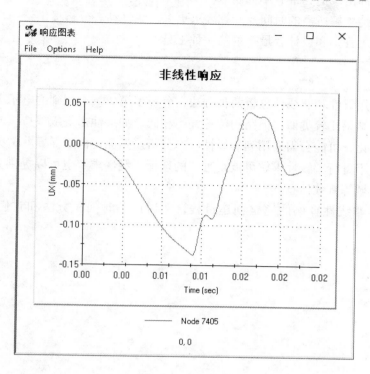

图 7-10　响应图表

7.3.5　讨论

　　下面的图表显示了在点 A 位置，线性和非线性合位移的两个结果，如图 7-11 所示。

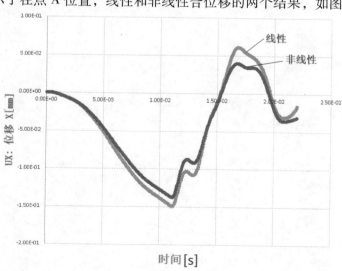

图 7-11　结果对比

　　使用非线性动态分析和线性动态分析分别计算点 A 的合位移并进行比较，可以看到变化趋势非常相近，但是绝对最大值还是有些不同。线性动态分析响应更大。

对于重量级的冲击载荷和带有不同材料（如塑料）的模型而言，使用非线性动态分析是更合适的。但是非线性求解所需的时间及计算要求更多。线性动态分析提供给用户的只是结构响应的估算，因此也是工程师和设计者最基本的一种工具。

7.4　总结

在本章中，采用线性和非线性分析两种方法，分析了第 2 章中用到的电子设备外壳。观察发现两种方法下瞬态结果比较类似，但结构位移并不相同。如果冲击等级或持续时间发生变化，或模型及材料发生变化，可能会需要用到非线性动态分析。然而，由于需要非常大的计算量，非线性动态分析通常并不可行，线性求解可能是唯一的选择。线性求解也可以提供关于结构响应和潜在的高应力集中区域等有效信息。

本章还演示了非线性算例的完整创建过程，并讨论了时间积分法和它们的用途、优点及缺点。

第8章　大型位移分析

学习目标

- 运行一个弹性、几何非线性的大变形静应力分析
- 定义一个非线性算例
- 从静应力分析算例中复制材料、外部载荷和夹具
- 定义加载的时间曲线
- 探索各种伪时间步长过程（增量）
- 在线性静应力分析中使用大型位移选项

8.1　实例分析：软管夹

本章将首先定义一个使用小位移方法的研究，然后创建两个非线性算例，并探索几个非线性研究选项，最后将研究线性静态算例中的大型位移选项，并权衡各种方法的利弊。

1. 项目描述

船舶级不锈钢软管夹绕在一根软管上。为了模拟该过程，软管夹需满足图8-1所示的载荷和边界条件，即其中一端固定，另一端转动360°。软管的长为150mm、宽为13mm、厚为0.25mm。

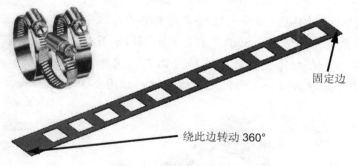

固定边

绕此边转动360°

图8-1　软管夹示意图

2. 关键步骤

（1）线性静应力分析　运行一次线性静应力分析，观察出现的位移大小。

（2）非线性静应力分析　将线性算例复制到新的非线性算例中，并观察其处理和后处理特征。

（3）线性静应力分析（大型位移）　选中【大型位移】选项并重新运行线性静应力分析，比较此算例与非线性算例的输出结果。

8.2　线性静应力分析

下面通过分析软管夹的弯曲来讨论为什么不能用线性方法解决非线性问题。

操作步骤

步骤1 打开 SOLIDWORKS

步骤2 启动 SOLIDWORKS Simulation 插件 SOLIDWORKS Simulation 插件可以在 SOLIDWORKS 中使用【工具】/【插件】菜单激活。选中【SOLIDWORKS Simulation】即可使用该插件，如图 8-2 所示。单击【确定】。

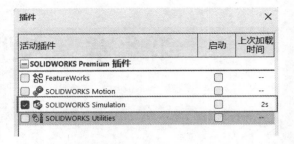

图 8-2 启动 SOLIDWORKS Simulation 插件

步骤3 打开零件 从 Lesson 08 \ Case Study 文件夹下打开文件 hose-clamp。

步骤4 分析选项 单击【Simulation】菜单中的【选项】⚙。在【默认选项】选项卡中指定以下选项：

【单位】：【单位系统】选择【公制（MKS）】；【长度/位移】选择【毫米】；【压力/应力】选择【N/mm^2（MPa）】。

【交互】：【接合的缝隙范围】设为 0%。

【网格】：取消选中【用实体网格来网格化所有实体】；【网格器类型】选择【基于曲率】。

【解算器和结果】：在【保存结果】下选择【SOLIDWORKS 文档文件夹】，选中【在子文件夹下】，然后输入 Results。单击【确定】。

步骤5 定义算例 在 Simulation 菜单中选择【新算例】🔍。在【名称】中输入 Linear，【类型】选择【静应力分析】。

步骤6 定义固定约束 因为导致软管夹变形的力大小未知，需要指定绕其中一边转动 360°。首先，必须约束另外一边。在仿真树中，右击【夹具】并选择【固定几何体】。选择软管夹的窄端面并添加一个固定几何体约束，如图 8-3 所示。

图 8-4 高级夹具

扫码看视频

图 8-3 定义固定约束

步骤7 定义旋转约束 在仿真树中，右击【夹具】并选择【高级夹具】，如图 8-4 所示。选择模型的另一个端面并添加一个旋转约束，如图 8-5 所示。

112

在【高级（在平面上）】选项组中，选择【在平面上】。在【平移】选项组中，设置【沿面方向2】为0mm。在【旋转】选项组中，在【沿面方向1】中输入 0rad，在【沿面方向 2】中输入 6.25rad，在【垂直于面】中输入 0rad。单击【确定】。

⚠️ **注意** 【规定的位移】命令提供了此步骤中夹具约束的替代方法。

图 8-5 定义旋转约束

8.2.1 辅助边界条件

通过约束两个方向的旋转和单向的平移来稳定模型。约束辅助边界条件可提高模型求解时的稳定性。但是，这种方法也会导致过度约束模型的运动，从而阻碍本应该发生的变形。

步骤8 生成网格 在仿真树中，右击【网格】并选择【生成网格】。选择【基于曲率的网格】，【最大单元大小】△中输入 3.00mm，【最小单元大小】△中输入 1.50mm，【圆中最小单元数】⬡中输入8，【单元大小增长比率】⬱中输入 1.4，【网格品质】选择【高】，如图 8-6 所示。单击【确定】。

步骤9 设置线性算例属性 在仿真树中，右击算例 Linear 并选择【属性】。在【选项】选项卡中，选中【解算器】选项组中的【自动】，并确保【大型位移】没有被选中（本章后续会描述这个选项），如图 8-7 所示。

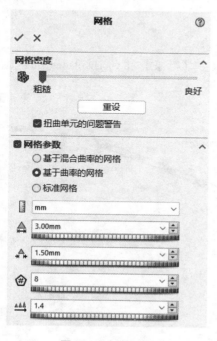

图 8-6 生成网格

图 8-7 设置线性算例属性

8.2.2　解算器

非线性有限元分析是线性方程式的一个分支，用于描述每个求解步长和迭代的理想化问题。此系统的规模直接依赖于模型的自由度（DOFs）数量。SOLIDWORKS Simulation 提供两个基础的解算器类型：

（1）FFEPlus（迭代）解算器　FFEPlus 解算器利用高级矩阵图重新排序技术，适用于自由度超过 500000 的超大问题。如果装配体零部件包含大范围不同材料属性的零件，而且该问题需要处理间隙和接触（特别是考虑摩擦），有可能会产生病态的矩阵。这时推荐使用 Sparse 解算器。

（2）Sparse 解算器（Direct Sparse、Intel Direct Sparse 和 Large Problem Direct Sparse）　Sparse 解算器使用新的高级稀疏矩阵技术和重新排序技术来节约时间和计算资源。对于较大问题、壳问题、大范围使用不同材料属性的装配体问题、带间隙和接触的问题而言，使用 Sparse 解算器非常有效。这些解算器的性能高度取决于可用系统内存。如果问题规模非常大，使用这些解算器进行求解可能变得非常慢，除非使用特殊程序。Large Problem Direct Sparse 解算器会用到这样的特殊程序，推荐在处理更大问题时使用它。然而，对非常大的问题而言，FFEPlus 解算器是最佳选择。

一般来说，对特定类型的分析而言，用户可以使用任意的可用解算器。对同一问题采用不同解算器应该给出相似的结果。在求解大规模问题时，对解算器的选择才变得更加重要。

步骤10　运行算例　在 Simulation 选项卡中选择【运行此算例】，出现下面的消息：

"在该模型中计算了过度位移。如果您的系统已妥当约束，可考虑使用大型位移选项提高计算的精度。否则，继续使用当前设定并审阅这些位移的原因。

单击'是'启用大型位移旗标进行求解。

单击'否'以小型位移进行求解。

单击'取消'结束求解。

单击"否"，跳过消息。"

步骤11　图解显示位移结果　在仿真树中，双击【结果】中的 Displacement1（合位移）以显示合位移结果，如图 8-8 所示。

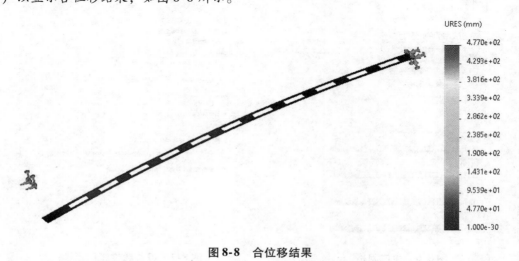

图8-8　合位移结果

步骤12　**更改位移显示比例**　图 8-8 显示了减小比例时的变形量。为了查看真实的变形（以 1:1 的比例），右击仿真树【结果】中的 Displacement1，并从菜单中选择【编辑定义】。在【位移图解】中，选择【变形形状】选项组中的【真实比例】，如图 8-9 所示。单击【确定】。

步骤13　**叠加初始模型到变形模型上**　为了关联最终变形形状和初始未变形的几何体，最好将初始形状叠加到变形图解中。右击仿真树【结果】下方的 Displacement1，并选择【设定】。在【变形图解选项】选项组中，选中【将模型叠加于变形形状上】，设置【透明度】为 0.75，如图 8-10 所示。单击【确定】。

图 8-11 所示为在真实比例 1:1 下的最终位移图解。

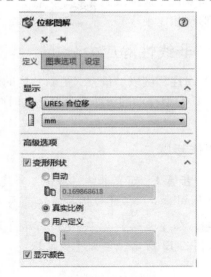

图 8-9　设置比例

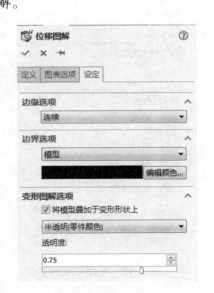

图 8-10　图解设定

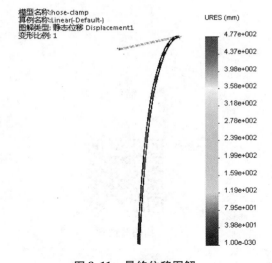

图 8-11　最终位移图解

115

提示　用户有可能需要缩放并旋转模型，以便查看整体变形形状。

8.2.3　几何线性分析：局限性

线性分析无法模拟软管夹前缘的 360°旋转。仔细检查发现，边缘根本不沿规定方向移动，这遵循了适用于壳体的线性小位移理论。

根据定义，线性算例假定载荷与其结构响应之间存在线性关系（如果载荷加倍，则结果也会加倍）。这一假设构成了线性研究解决问题的基础。当求解线性算例时，软件根据初始刚度（永不改变）确定结构的响应，然后一步施加整体载荷。

在本教程中，线性算例无法捕获整个旋转，因为载荷最初将前缘向下移动，从而形成结构对其余载荷响应的线性轨迹。但是，在这种情况下，几何形状（以及结构的刚度）会随着载荷的

应用而变化。这种限制表明了为什么线性算例会产生不准确的结果（除非结构的位移与零件的几何形状相比很小）。

8.3 非线性静应力分析

非线性算例以增量方式更新结构的刚度，同时通过称为伪时间的中间参数施加载荷。伪时间充当 3D 模型移动的第四个维度。伪时间与物理时间不同，因为它不考虑动量或加速度。

操作步骤

步骤 1 定义非线性算例 新建一个新算例并命名为 Nonlinear。在【目标算例】选项组中选择【非线性】，在【选项】选项组中选择【静应力分析】，如图 8-12 所示。单击【确定】。

扫码看视频

图 8-12 生成非线性算例

8.3.1 时间曲线（加载函数）

如前所述，线性分析试图一步求解结构对载荷的响应。相比之下，非线性分析使用多个中间步骤，通过伪时间控制这些步骤。对于每个伪时间步长，软件都会更新结构的载荷条件和刚度（包括几何形状和材料状态）。然后，考虑步长并求解线性静态分析以获得平衡解（施加载荷和对载荷的结构响应之间的平衡）。每个步骤都要求求解器收敛于该平衡解，然后再进入下一个步骤。

可以使用时间曲线定义载荷和伪时间之间的关系（在载荷的属性管理器中进行设置）。

步骤 2 编辑旋转约束 复制算例 Linear 的夹具与网格参数至当前算例，右击在平面上-1 并选择【编辑定义】。在【随时间变化】选项组中选择【曲线】，如图 8-13 所示。如果要预览载荷（应用的旋转）如何逐步递增，选择【视图】。时间曲线表现了载荷和伪时间之间的线性关系，如图 8-14 所示。单击【确定】。

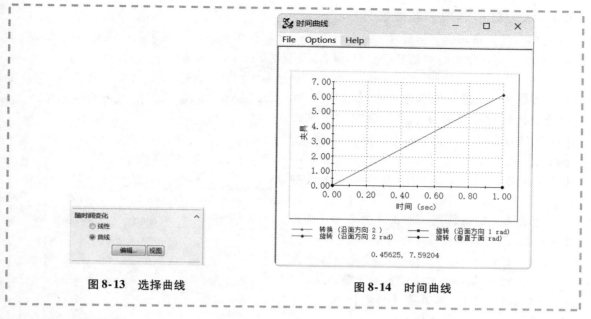

图 8-13 选择曲线   图 8-14 时间曲线

8.3.2 固定增量

步骤 2 中的时间曲线通过载荷与伪时间的关系来控制载荷，再通过研究的属性控制伪时间，这些属性提供了两个控制选项：【自动】（自动步进）和【固定】。

【固定】选项允许用户指定从开始时间到结束时间的设置（固定）时间步长。【自动】选项将在本教程后面内容中讨论。

步骤 3 控制伪时间增量 为了设置 Nonlinear 算例的属性，右击算例 Nonlinear 并选择【属性】。

在【求解】选项卡的【步进选项】选项组中，确保【结束时间】为 1 （【开始时间】自动为 0）。在【时间增量】下，选择【固定】并输入 0.2 （现将尝试以 5 个增量求解分析）。确保在【几何体非线性选项】选项组中选中【使用大型位移公式】。在【解算器选择】选项组中选择【Intel Direct Sparse】，如图 8-15 所示。

图 8-15 设置非线性算例的属性

8.3.3　大型位移选项：非线性分析

【大型位移】选项会开启算法，使软件在上一个载荷步长（解算器完全迭代到平衡状态的最后一个载荷步长）结束时更新基于变形几何体的刚度矩阵。

步骤4　设置高级选项　在【非线性-静应力分析】对话框的【求解】选项卡中单击【高级选项】自动切换至【高级】选项卡，【控制】选为【力】，【迭代方法】选为【NR（牛顿拉夫森）】，如图8-16所示。单击【确定】。

步骤5　运行算例　右击算例名称并选择【运行】，运行本非线性分析模型。

弹出提示消息："错误：增量旋转太大（>10.0度）；减小步进大小然后重新启动。"

单击【确定】。再单击【确定】三次，直到信息提示确认非线性分析失败。

图 8-16　设置高级选项

8.3.4　分析失败：大载荷步长过大

为什么非线性分析会失败？是因为在每个载荷步长中，解算器都会尝试通过一系列的线性静应力分析获得一个中间结果，也就是说，解算器会在当前载荷步长下迭代到平衡状态。目前的载荷步长明显太大，导致解算器无法达到平衡，因此必须减小载荷增量。

步骤6　更改时间步长　显示算例 Nonlinear 的属性。将【求解】选项卡中的【步进选项】下的【时间增量】改为0.01，如图8-17所示。单击【确定】。

步骤7　重新运行算例　现在可以正确地求解该分析了。用户可以在求解过程中观看变形形状，在端部使用了更多旋转。

步骤8　图解显示位移结果　使用【真实比例】，并将未变形的模型叠加到位移图解中，如图8-18所示。

步骤9　为模型添加动画效果　右击 Displacement1 图表，然后选择【动画】▶，显示软管夹的变形过程。

步骤10　探测结果　从【Simulation】/【结果工具】/【探测】菜单中选择探测工具。程序自动切换到未变形的视图。当使用【探测】命令时，只能在未变形的图解中选择实体。选择之前定义的约束旋转的边线的其中一个顶点（靠近较宽的一端），如图8-19所示。

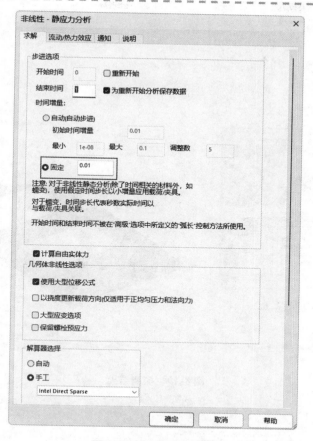

图 8-17　更改时间增量

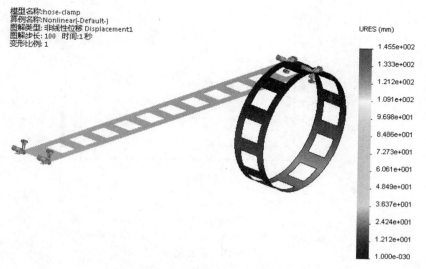

图 8-18　图解显示位移结果

　　相应的节点号会出现在【结果】选项组中。为了显示所选顶点合位移与伪时间之间的变化图表，单击【响应】按钮，弹出的响应图表如图 8-20 所示。

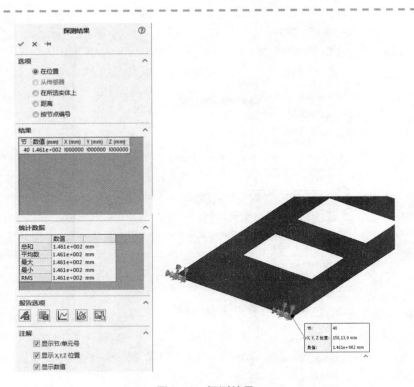

图 8-19　探测结果

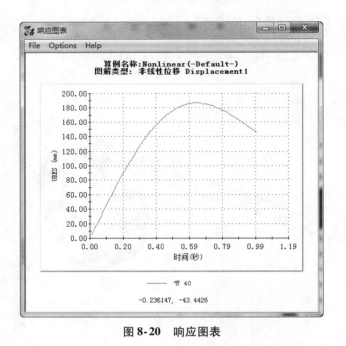

图 8-20　响应图表

8.3.5　固定时间增量的不足

目前已经通过固定大小的载荷增量成功地完成了这个分析。可以发现，选择不正确的载荷增量会导致分析收敛失败，然而太小的载荷步长可能会导致求解时间过长。而且，载荷增量的理想大小可能会在求解过程中发生变化。

出于以上原因，现在要让解算器根据收敛特性的载荷增量大小自动调整特征，也就是说，好而快的收敛会提高载荷增量，然而对于难以收敛或不能收敛的情况，会减小载荷增量。自动调节步长的方法称为自动步进，而且对所有应用均建议用户使用该方法作为默认的增量技术。

如果需要输出指定时间增量的结果，则使用固定时间增量是可行的。

1. 自动步进增量

下面将使用自动步进技术重新运行分析。

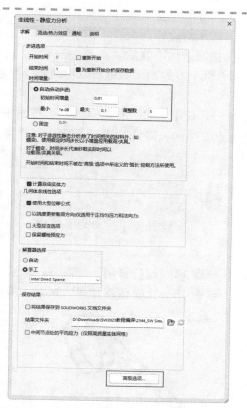

> **步骤 11　定义一个新的算例**　复制算例 Nonlinear 为一个新的算例并命名为 Auto-Stepping。
>
> **步骤 12　修改 Nonlinear 算例的属性**　在【求解】选项卡中，设置【步进选项】的【结束时间】为 1。
>
> 　　【时间增量】选择【自动（自动步进）】并设置【初始时间增量】为 0.01，【最小】为 1×10^{-8}，【最大】为 0.1，【调整数】为 5。
>
> 　　确保选中【几何体非线性选项】选项组中的【使用大型位移公式】，并在【解算器选择】选项组中选择【Intel Direct Sparse】，如图 8-21 所示。
>
> **步骤 13　设置高级选项**　在【非线性-静应力分析】对话框底部单击【高级选项】按钮切换至【高级】选项卡，【控制】选为【力】，【迭代方法】选为【NR（牛顿拉夫森)】，单击【确定】。

图 8-21　修改 Nonlinear 算例的属性

2. 自动步进参数及选项

按照上面的设置，程序将以步长大小 0.01 开始。在随后的步长中，载荷增量的数值将根据收敛的困难程度而自动地增加或降低。当载荷增量过大，在当前载荷步长中发生不收敛时，解算器会降低载荷增量，并尝试再次达到收敛平衡。在平衡迭代成功之前连续降低（减少）的最大数在【调整数】选项中指定。

3. 高级选项：步进/公差选项

在【高级】选项卡的【步进/公差选项】选项组中，可以设置下面内容：

（1）进行平衡迭代每…步进　如果用户不打算让解算器在每个载荷步长中都迭代到平衡状态，可以使参数的数值大于 1。然而请注意，其结果可能明显偏离平衡路径，或者分析可能不会收敛得到任何结果。建议普通用户不更改此选项。

（2）最大平衡迭代　在每个载荷步长中，解算器都尝试迭代到平衡状态。当迭代次数超过该数值时，求解不收敛，这时必须降低（减少）载荷增量。

（3）收敛公差　默认数值 0.001 代表特定载荷增量下，在两次连续迭代之间控制量的差别小于或等于 0.1%。

（4）最大增量应变　在两次连续迭代之间容许的最高应变增量。

（5）奇异性消除因子（0-1）　只有当选中【大型应变选项】时，才考虑奇异性消除因子，它可以帮助结果通过平衡路径的局部奇异性。如果标准非线性结果（SEF = 1）无法成功完成（步长 >1 时），而且是由于下列一种原因导致计算终止：

1）刚度奇点。

2）增加的应变太大。

3）增加的旋转太大。

4）接触迭代不收敛。

那么低于 1 的 SEF 数值可以帮助非线性求解过程最终完成。最佳的 SEF 数值是 0 和 0.5（0 最有效）。

当 SEF 低于 1 时，它会启动一项技术来显著降低由于高度（极度）变形单元所产生的结构刚度奇点。然而，降低 SEF 通常会导致平衡迭代次数的增加。

> **提示** 只有当其他所有尝试收敛成功的方法失败时，才会考虑降低 SEF。通常遇到的大部分问题都与分析的设置相关，这些都能被正确纠正。（用户在完成本课的学习后，将掌握帮助稳定非线性分析从而成功收敛到平衡状态的技术。位移控制法和弧长法将在后面的章节中介绍）

122

步骤 14　运行算例　现在可以正确地求解该分析了，当求解完成时单击【确定】。

步骤 15　比较位移结果　1s 后，两个算例都显示出差不多的位移结果，如图 8-22 所示。

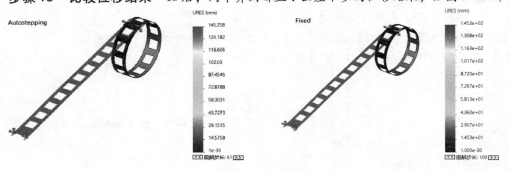

图 8-22　两种位移结果

> **提示** 两项研究在 1s 后都产生了可接受的位移结果。【自动】步进增量需要 60 步，而【固定】时间增量需要 100 步。

步骤 16　动画显示模型　右击 Displacement1 图例并选择【动画】，查看软管夹是如何达到变形形状的。

8.4　线性静应力分析（大型位移）

前面的分析假定为线弹性，求解出的结果是不正确的。当采用线性分析时，会弹出对话框提示检测到大型位移。该对话框会询问是否需要在启动【大型位移】功能下重新运行该线性静应

力分析。该选项可以在线性算例的属性窗口中选中。

选中该选项后，分析就变为几何非线性，而且纳入了非线性解算器（SOLIDWORKS Simulation 的线性模块已经包含了非线性解算器）。

在线性静应力模块下使用非线性解算器的局限：

扫码看视频

- 只能提供预先定义的自动增量默认设置。
- 所有载荷和预先定义的位移都成比例地线性增加，即不能定义时间曲线。
- 只能提供线弹性的材料模型。
- 假定大型位移分析成功了，只有最终的结果可以保存用于后处理。

操作步骤

步骤1　修改算例 Linear 的属性　在窗口底部单击【Linear】进入线性算例。在仿真树中，右击算例 Linear 并选择【属性】。选中【大型位移】，单击【确定】。

步骤2　运行算例 Linear　现在可以正确地求解该分析了。

步骤3　图解显示算例 Linear 的位移结果　使用【真实比例】（1:1）图解显示变形形状，并将未变形模型叠加到位移图解中，如图 8-23 所示。

图 8-23　图解显示算例 Linear 的位移结果

可以确认该结果非常接近从非线性算例中得到的结果。

步骤4　动画显示模型　右击 Displacement1 图例并选择【动画】，查看软管夹的变形过程。将会发现，动画结果和 Nonlinear 算例得到的结果有很大差别。这是因为并没有保存每个伪时间增量的结果。为了生成动画，软件只是简单地在初始形状和变形形状之间插值得到中间步长。

8.5　总结

本章分析了软管夹一端转动的过程。由于存在大型位移，线性求解给出了不正确的结果，必须采用非线性的方法来正确求解此问题。

由于在非线性分析中载荷必须以非常小的增量加大，因此运行算例之前正确设置非常必要。在分析过程中介绍了只定义提高（降低）载荷的时间曲线概念。非线性静应力分析中的时间概念和真实的时间没有任何关系，通常被视为伪时间。

还练习了两种增量方法：固定增量和自动步进。得到的结论是，自动步进的方法应该作为默认方法使用，因为它允许软件在收敛过程中遇到困难时提高（降低）步长大小。

最后，讨论了 SOLIDWORKS Simulation 线性静应力分析模块中的【使用大型位移公式】选项。可以表明这引入了一个非线性解算器（集成在线性解算器中），并尝试使用默认预定义设置下的自动步进方法求解几何非线性分析。对这个分析的局限性也进行了讨论。

第9章 增量控制技术

学习目标

- 在同一个分析中使用多条时间曲线
- 稳定薄膜结构的分析
- 了解力和位移控制方法之间的区别

9.1 概述

本章中将练习两个基本的控制技术：
- 力控制
- 位移控制

9.1.1 力控制

为便于理解，将此方法（"力控制"）命名为"载荷控制"更为恰当。由于历史原因，保留了传统的"力控制"叫法。在该方法中，用户指定应用载荷（力或指定的位移）随分析时间变化，这通常会带来如下问题：如图9-1所示，当受到施加的载荷时，结构的变形具体有多大？

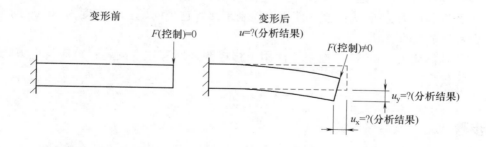

图9-1 力控制示意图

9.1.2 位移控制

为便于理解，将此方法（"位移控制"）称为"响应控制"更为恰当。在该方法中，用户指定结构响应（通常是一个顶点在一个方向的位移）随分析时间变化，这通常会带来如下问题：如图9-2所示，需要施加多大的载荷才能使结构达到指定的变形？

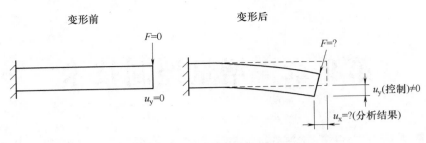

图 9-2　位移控制示意图

9.2　实例分析：蹦床

本章将练习两种不同的增量控制技术，首先介绍它们的区别和使用条件，然后还会练习更多稳定模型的技术，这在非线性分析中有时是必要的。此外，还会进一步介绍载荷曲线。

1. 项目描述

图 9-3 所示的圆形尼龙蹦床的直径为 4740mm，厚度为 0.25mm。蹦床的生产商需要考虑其在雨天收集水后的最大挠度。在蹦床顶面加载 747Pa 的均匀压力，以模拟 76mm（3in）深的水，如图 9-4 所示。假定铝架比尼龙材料坚硬很多，因此，可以设置圆形蹦床的外围为不可移动边。

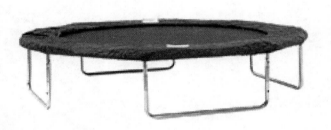

图 9-3　圆形尼龙蹦床

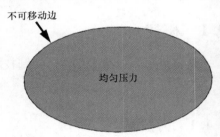

图 9-4　力学模型

2. 关键步骤

（1）线性静应力分析　运行一次线性静应力分析，观察会发生多大的位移。

（2）非线性静应力分析-力控制　使用力控制来回答这个问题：在深度为 76mm 的水的作用下，蹦床会发生多大的变形？

（3）非线性静应力分析-位移控制　使用位移控制来回答这个问题：蹦床发生 100mm 的变形需要多大的载荷？

操作步骤

步骤 1　打开零件　打开 Lesson 09 \ Case Study 文件夹中的文件 Trampoline。因为几何体和载荷都是对称的，因此将对模型作相应的简化。

步骤 2　激活配置 quarter　在非线性分析中，通常有必要利用对称来节省运算时间，如图 9-5 所示。

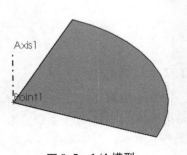

图 9-5　1/4 模型

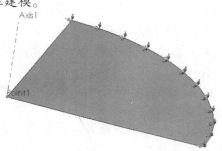

步骤 3　定义算例　定义一个【静应力分析】算例，并命名为 Linear。

步骤 4　定义壳曲面和厚度　SOLIDWORKS 使用的模型是传统的实体特征，这就是本算例自动将模型识别为实体的原因。但是，这个模型非常薄，所以需要将实体重新配置为壳体。右击仿真树中的蹦床实体，然后选择【按所选面定义壳体】，选择蹦床的顶面。在【类型】选项组中选择【细】，在【抽壳厚度】 中输入 0.25mm。在【偏移】选项组中选择【下曲面】 。确保选择【完整预览】，并放大模型以验证壳体是否准确表示原始几何图形。单击【确定】。

步骤 5　核实材料属性　确保 SOLIDWORKS 模型中定义的材料属性（尼龙）已经传递到 SOLIDWORKS Simulation 模型中。此时，可以看到壳体图标上面有一个绿色的对号，表明材料已经定义好了。检查尼龙材料采用线弹性建模。

步骤 6　约束铝架　对壳体背面边线指定【不可移动（无平移）】的夹具，如图 9-6 所示。请确保选中的边线位于前面定义的壳体上。

步骤 7　显示注释　在 SOLIDWORKS 主菜单中单击【视图】，在弹出的菜单中选择【隐藏/显示】/【所有注解】。

步骤 8　定义沿边线 1 的对称夹具　在仿真树中右击【夹具】并选择【高级夹具】，再选择【对称】，如图 9-7 所示。选择【边线 1】，结果如图 9-8 所示。

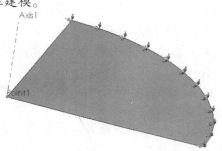

图 9-6　约束铝架

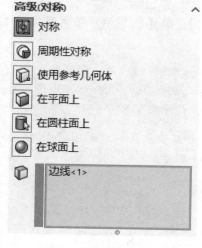

图 9-7　定义对称夹具

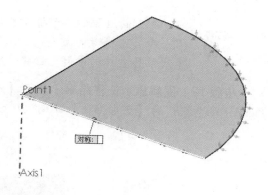

图 9-8　选择边线

127

单击【确定】。重命名该边界条件为 Symmetry 1。

步骤 9　定义沿边线 2 的对称夹具　和之前的步骤一样，对边线 2 应用【对称】，结果如图 9-9 所示。重命名该边界条件为 Symmetry 2。

步骤 10　添加外部载荷　通过对顶面添加一个 747Pa 的均匀压力来代表蹦床上 76mm 深的水。在蹦床顶面上添加一个压强为 $747N/m^2$、垂直于所选面的压力。同时，请确认所

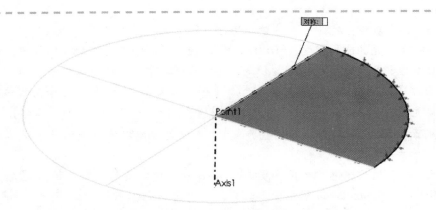

图 9-9　添加对称夹具

选面位于定义的壳体上。

请注意压力箭头的指向是否正确，如图 9-10 所示。

单击【确定】保存边界条件，重命名这个条件为 Water Pressure。

步骤 11　划分网格并运行算例　在仿真树中右击【网格】并选择【生成网格】，选择【基于曲率的网格】，【最大单元大小】中输入 140mm，【最小单元大小】中输入 140mm，【圆中最小元素数】中输入 8，【单元大小增长比率】中输入 1.4，【网格品质】选择高，选中【运行（求解）分析】，单击【确定】。当系统提示启用大型位移选

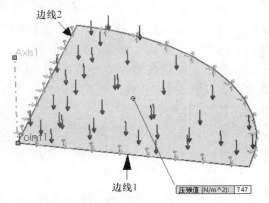

图 9-10　添加外部载荷

项时，单击【否】。

> 提示　在分析过程的这个阶段，首要目标是了解线性静态响应，这有助于确定下一步（应该激活大型位移选项还是寻求替代的方法）应该如何处理。有关线性静态算例中大型位移选项的详细信息，请参阅第 8 章。

步骤 12　图解显示位移结果　展开【结果】文件夹并双击默认的位移图解 Displacementl。注意默认的【变形形状】比例远小于 1，如图 9-11 所示。

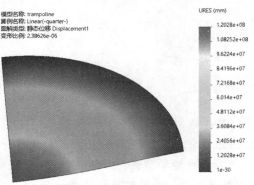

扫码看视频

图 9-11　图解显示位移结果

128

提示 本研究极易出现舍入误差，这就是为什么用户可能会观察到与此处显示不同的结果值。

为了显示真实的变形形状，需要以真实比例来显示变形形状。编辑图解的定义，更改变形比例为真实比例。Displacement1 的【URES：合位移】在真实比例下的位移结果如图 9-12 所示。

也许很难正确地看到整个变形图解，但很清楚的是该结果是不真实的。

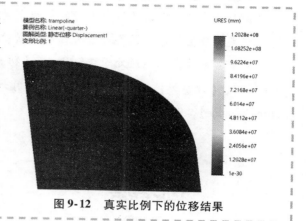

图 9-12 真实比例下的位移结果

薄膜结构 在这个模型中，长厚比很大（即结构很薄，但只有一个方向）。像这样的薄膜结构主要通过膜（面内）应力响应面外载荷，而较厚的结构主要响应切应力，如图 9-13 所示。就像承受张力中的绳索一样，膜拉动的方向力矢量与其形状对齐。膜对面外载荷的抵抗力来自其变形产生的定向力矢量。

本章的案例研究模拟了没有初始张力的薄膜结构，它的纯粹刚度（可以忽略不计）定义了它的初始刚度。但是，线性静态算例假设结构的刚度保持不变，并使用初始刚度来求解结构对载荷的响应。线性算例的放大位移结果突出了问题的非线性性质。

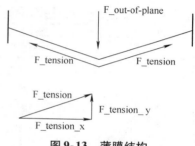

图 9-13 薄膜结构

9.3 非线性分析：力控制

这个问题本质上是非线性的。现将尝试通过定义配置使用力控制方法的非线性算例来解决它。

操作步骤

步骤 1 定义非线性算例 复制算例 linear，并将新的【非线性】/【静应力分析】算例命名为 NL Force Control，单击【确定】。

步骤 2 修改压力载荷 右击压力载荷并选择【编辑定义】。在非线性分析中，必须使用时间曲线来逐步增加载荷。在【随时间变化】选项组中选择【曲线】，如图 9-14 所示。

现在可以预览默认的线性加载路径（时间曲线），只需在选项组中单击【视图】按钮，即可查看压力载荷与伪时间之间的关系，如图 9-15 所示。

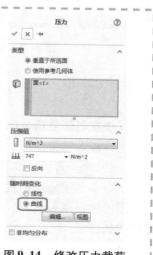

图 9-14 修改压力载荷

单击【确定】以确认该压力载荷的加载条件。

步骤3　设置算例属性　右击算例【NL Force Control】并选择【属性】，设置非线性算例的属性。确认默认的【结束时间】设置为1。默认情况下，【自动（自动步进）】的选项应处于激活状态。设置【最大】时间增量为0.1。

所有其他步进选项应处于默认状态：【初始时间增量】为0.01，【最小】时间增量为1×10^{-8}，【调整数】为5。确保选中【使用大型位移公式】，【解算器选择】选择【Intel Direct Sparse】，如图9-16所示。

扫码看视频

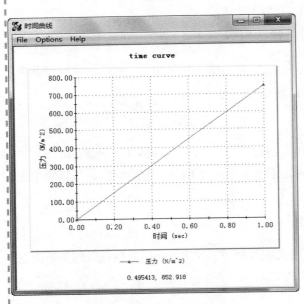

图 9-15　时间曲线

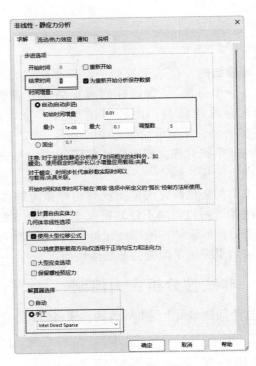

图 9-16　设置算例属性

以挠度更新载荷方向　壳体结构受到压力载荷时，通常需要维持变形后壳体表面的法向力，这时就需要使用该选项，如图9-17所示。在本例中，因为压力来自重力加速度，因此它必须维持竖直方向，而不考虑薄膜变形，所以该选项应该保持不被选中的状态。

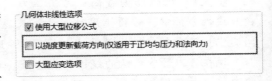

图 9-17　算例选项

130

步骤4　设置高级选项　在【非线性-静应力分析】对话框中切换至【高级】选项卡，确认【控制】方法为【力】，【迭代方法】为【NR（牛顿拉夫森）】，如图 9-18 所示。单击【确定】。

图 9-18　设置高级选项

步骤5　运行算例　在初始步长分析时将会失败，弹出下面的消息提示：

"第一步长中的求解失败，可能是由于：

1. 一个或多个零件缺少适当的夹具。

2. 材料属性未妥当定义。

3. 载荷增量可能太大或太小。

（位移太小->收敛失败）"。

单击【确定】。

9.3.1　平面薄膜的初始不稳定性

这项研究在第一步失败，原因与线性研究中产生不切实际的结果相同——直到膜变形，其刚度完全取决于其抗剪切性。最初，薄膜模型不稳定，因为结构太软而无法抵抗施加的载荷。现将探索如何在施加载荷之前人为地使膜结构变形来克服该模型的初始不稳定性。

释放规定的位移　规定的位移载荷（高级夹具）可以随时通过非线性算例中的曲线激活和停用。在此模拟中，夹具会将结构移动到稳定位置，为结构准备加载做准备。然后，当结构响应变得足够稳定时，停用此夹具。

131

步骤6　人造夹具　将【使用参考几何】夹具定义为模型中心的顶点。以【Axis1】为参考方向。在【平移】选项组中激活【轴】向并指定向下作用的 10mm 位移，如图 9-19 所示。在【随时间变化】选项组中选择【曲线】，然后单击【编辑】按钮，【时间曲线】对话框随即出现。

步骤7　编辑时间曲线　时间曲线使用伪时间控制负载。该载荷将中心节点向下移动以增加结构的刚度并提供足够的稳定性来启动水压载荷。一旦施加水压载荷，就会停用此人工固定装置。指定以下曲线点：(0, 0)、(0.1, 1) 和 (0.11, 关闭)，如图 9-20 所示。

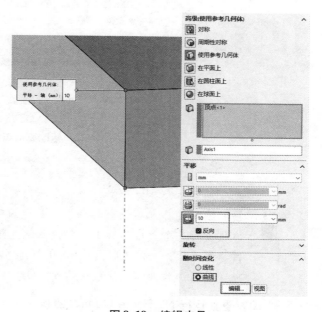

图 9-19　编辑夹具

> **提示** 双击表左侧的数字以添加行。输入名称并单击【确定】以确认夹具的定义。

步骤8　修改 Water Pressure　在膜中的张力形成（$t = 0.1\text{s}$）后启动水压载荷。右击【Water Pressure】，然后选择【编辑定义】，在【随时间变化】选项组中单击【编辑】，输入以下点来定义压力随伪时间的变化：（0，0）、（0.1，0）和（1，1），如图 9-21 所示。

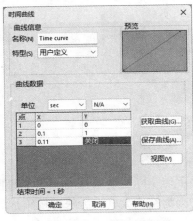

图 9-20　编辑时间曲线

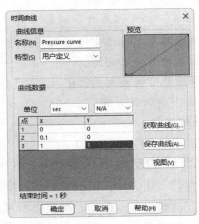

图 9-21　修改 Water Pressure

步骤9　修改算例属性　再次打开【非线性-静应力分析】对话框，在【求解】选项卡中，将【调整数】提高到 10，保持其他所有参数不变，单击【确定】，如图 9-22 所示。

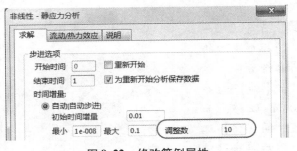

图 9-22　修改算例属性

> **提示** 新创建的夹具增加了模型的稳定性，但仅在模型处于活动状态时才有效。停用此夹具会产生新的潜在不稳定源。只有施加足够的力以防止模型位移突然变化时（尽管有时会不可避免地移动），才会停用此夹具。当施加压力载荷时，增量应足够小，以使系统克服不稳定并找到平衡解。但是，启用自动步进后，无法直接控制 $t = 0.1\text{s}$ 时的步长。因此，应允许软件根据需要减少时间步长，以减少载荷增量。

步骤10　重新运行 NL Force Control 算例　单击【确定】，以显示警告信息。算例现在可以成功运算了。

9.3.2　重新开始

如果算例无法完成或运行被手动中止，使用【重新开始】功能可以让用户修改算例属性（初始时间增量等）。请注意，如果用户打算使用【重新开始】功能，则必须在运行一个分析之前，在【求解】选项卡中选中【为重新开始分析保存数据】。

9.3.3　分析进度对话框

当算例在运行时，可以通过查看【求解进度】对话框以获取更多细节，如图 9-23 所示。对每一次迭代和新的时间步长，单元的刚度矩阵都会重新计算。这对应的是牛顿拉夫森迭代方法。当前步长的时间数值指明了载荷曲线中处于哪一个伪时间步长。计算会随时间向后推进，直至计算到最后时刻。如果在给定时间增量下计算无法收敛，则自动步进特征将自动降低时间步长的增量，以尝试达到收敛。

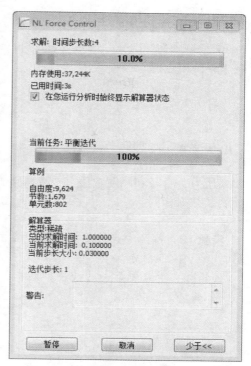

图 9-23　分析进度

步骤 11　图解显示位移结果　在【结果】文件夹中，右击 Displacementl 并选择【编辑定义】，确认【图解步长】的时间为 1s。用户可以通过更改图解步长的时间来调节显示时间。在【变形形状】选项组中，将位移图解比例更改为【真实比例】。单击【确定】，如图 9-24 所示。

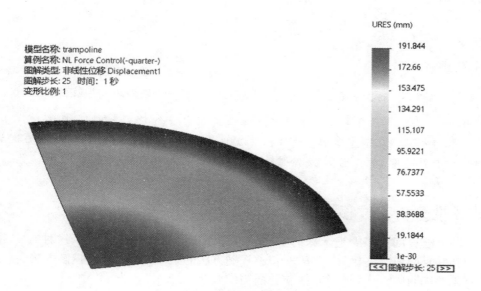

图 9-24　图解显示位移结果

133

9.3.4 薄膜分析结果

Roark 的应力应变公式（Young and Budynas，2002）列出了下面的关系式，针对没有抗弯刚度情况下膜片中点的位移：

$$\frac{p\left(\dfrac{d}{2}\right)^4}{Et^4}=K_1\cdot\frac{y}{t}+K_2\left(\frac{y}{t}\right)^3 \tag{9-1}$$

式中，p 为均匀的横向拉力；d 和 t 分别是膜片的直径和厚度；E 为杨氏模量；K_1 和 K_2 为常数，$K_1=0$，$K_2=3.44$。

代入压力、直径和厚度数值，并求解该方程，得到 y 方向中点的位移 $y=0.191\mathrm{m}$。这和在仿真中预测的结果相同。

> **步骤12 探测中点并图解显示** 右击【结果】文件夹下的 Displacementl 并选择【探测】，如图 9-25 所示。
>
> 选择蹦床中点。单击【响应】图标，生成所选节点的响应图表，如图 9-26 所示。
>
>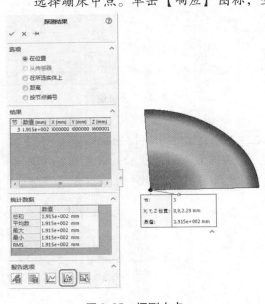
>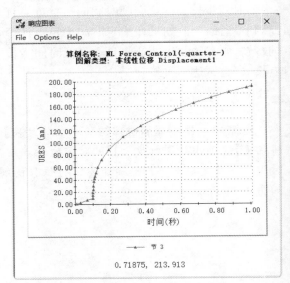
>
> 图 9-25　探测中点　　　　　　　图 9-26　响应图表
>
> 图 9-26 显示，在前 0.1s 内，参考几何体夹具将中心向下缓慢移动。0.1s 后，压力载荷接管，其特征是位移迅速增加，这种特征以小步长为前提（一旦膜的刚度增加并变得更加线性，步长就会增加）。图 9-26 清楚地显示了这个问题的非线性性质。

9.4 非线性分析：位移控制

以不同的方式提问：多少毫米深的水会导致蹦床中心下垂 200mm？以这种方式考虑问题，需要知道位移并且必须解决载荷，这就是位移控制方法的工作原理。位移控制方法通过控制某个位置的位移来解决问题，然后计算产生位移所需的载荷。

9.4.1 位移控制方法：位移约束

位移控制方法不允许移动夹具，因此，无法保留 NL Force Control 算例中定义的参考几何体夹具。幸运的是，当结构的刚度对施加的载荷提供最小的阻力时，位移控制方法会产生稳定性。

操作步骤

步骤1　生成新的非线性算例　复制已有的算例 NL Force Control 并命名为 Displacement Control。

步骤2　压缩压力载荷　在【外部载荷】下压缩【Water Pressure】，在【夹具】下压缩【参考几何体-1】。

步骤3　位移控制　打开【非线性-静应力分析】对话框，然后切换至【高级】选项卡，将【控制】更改为【位移】，并保留默认的【迭代方法】为【NR（牛顿拉夫森）】。在【位移控制选项】选项组中，选择参考特征【Point1】。请注意，该点是在蹦床的中心创建的，以监控其最大挠度。将【所选位置的位移分量】更改为【UZ：Z 平移】，并确保单位设置为【mm】，如图9-27所示。

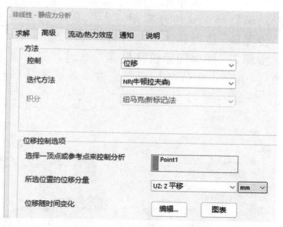

图 9-27　【高级】选项卡

步骤4　编辑时间曲线　单击【位移随时间变化】右侧的【编辑】按钮，输入下面的点来定义 Point1 的 Z 分量位移随伪时间的变化：（0，0），（1，200）。单击【视图】按钮，查看时间曲线。单击【确定】，确认这条时间曲线。单击【确定】，确认算例的属性，如图9-28所示。

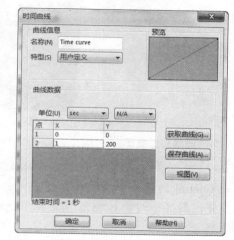

图 9-28　编辑时间曲线

> **提示**　此处设置最大位移为200mm，是为了和算例 NL Force Control 的结果进行比较，即最大位移达到191mm 的算例。
>
> 在初始阶段，分析可能需要克服一些不稳定因素（力控制分析在这个阶段曾经立即失败）。因此，将【调整数】提高至15。

9.4.2　单自由度控制局限

注意，【位移控制选项】选项组只允许用户选择单个点的一个自由度，这是为什么呢？

对一个点沿一个方向的自由度给定位移，是判断模型其余节点位移的完全充分条件。所有点的位移的数值取决于结构的刚度和结构受到的加载模式。控制多个自由度会对结构造成过约束，而且也是不现实的。

9.4.3　在位移控制方法中的加载模式

首先必须回答下面这个问题：结构受到的载荷是什么类型的？因此，下面介绍一个任意大小的压力边界条件，比如压力 $p = 1\text{Pa}$。

步骤5　添加外部载荷　右击【外部载荷】选择【压力】，对蹦床的表面应用【垂直于所选面】的 1Pa 均匀压力。单击【确定】，如图 9-29 所示。

步骤6　运行算例　分析需要大约 5min 完成，因为它必须克服初始的不稳定阶段。

步骤7　图解显示位移结果　在【结果】文件夹下方，在时间 $t = 1\text{s}$ 的时刻生成一个新的【URES：合位移】图解，右击并选择【编辑定义】，设置【变形形状】为【真实比例】，如图 9-30 所示。

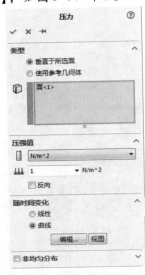

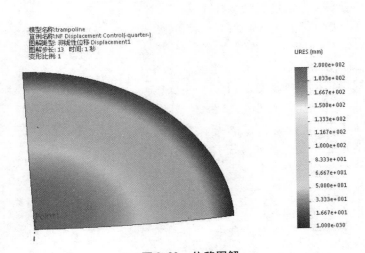

图 9-29　添加外部载荷　　　　　　图 9-30　位移图解

在 $t = 1\text{s}$ 时刻，可以观察到蹦床中心的最大位移为 200mm，也就是在算例 NL Displacement Control 的属性中给定的最大值。

为了使图解显示对应控制点特定位移值的压力大小，将在【结果】文件夹下定义一个新的图解。

步骤8　图解显示中点响应图表　右击【结果】文件夹并选择【定义时间历史图解】，定义一个响应图表，如图 9-31 所示。更改【位移分量】为【URES：合位移】，确认单位为 mm。单击【确定】接受这些选项，如图 9-32 所示。响应图表将会显示出来，下面先来修改一些设置。

扫码看视频

图 9-31　定义时间历史图解

图 9-32　修改参数

步骤9 修改图表设置 当响应图表显示时，竖轴数值小数精度只有两位，这有可能是不够的。为了更改属性，右击图表内的任意位置，并选择【Axes】选项卡，选择 Y 轴。在【Axes】选项卡中，单击【Annotation】选项卡，单击显示内容为【Values】的【Anno. Meth】右侧的□按钮，如图 9-33 所示。

更改【Precision】的数值为 3，单击【OK】，如图 9-34 所示。再单击【确定】，现在可以从图表中读到足够的精度，以判断可以将蹦床偏移 200mm 的水量。

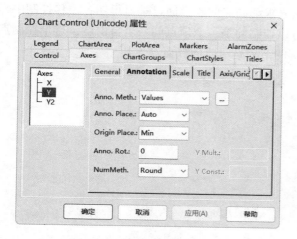

图 9-33 修改图表设置（一）

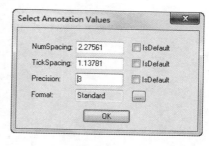

图 9-34 修改图表设置（二）

步骤10 查看响应图表 可以观察到，蹦床中心出现 100mm 的偏移量，对应的压力大小一定是 $110.653 \times 1Pa = 110.653Pa$（载荷因子乘以输入的压力值）。进行转换之后，推导出大约需要 12.7mm（0.5in）深的水。还可以观察到中点偏移量 191mm 对应着压力 $747 \times 1Pa = 747Pa$。这是符合预期的，这就是算例 NL Force Control 中输入的压力值，如图 9-35 所示。

步骤11 输出图表数据 下面输出 Microsoft Excel 可以读取的响应数据格式。在【响应图表】窗口中，选择【File】/【Save As】，选择保存路径。重命名该文件为 Response_Lesson2.csv 或类似的名称。

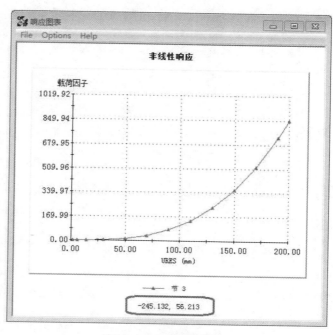

图 9-35 查看响应图表

现在，可以很轻松地使用导出的图表数据生成 Excel 图表。

9.5 总结

在本章中，主要介绍了两种控制方法：力控制和位移控制。

在力控制方法的问题中，增加指定的压力，其数值基于指定的时间曲线，逐渐地从 0 增加到完全数值。

在初始阶段，蹦床近乎为零的弯曲刚度导致分析失败。由于这个原因，必须添加一个维持稳定的压力，在应用压力载荷之前使蹦床产生一定的拉伸。

在本章的第二部分，使用位移控制方法来求解同一问题。通过学习得知，位移控制中是不允许指定一个非零的位移边界条件的，而且可以控制的是一个顶点的一个自由度。这个控制点的位移是由时间曲线进行控制（给定）的，求解的结果是对应的载荷（水压）。

使用两种控制方法得到的结果是一致的。

第 10 章 非线性静应力屈曲分析

学习目标

- 运行非线性大变形屈曲分析
- 使用弧长控制方法定义非线性屈曲分析的控制
- 比较线性屈曲和非线性屈曲算例的结果
- 理解对称结构初始扰动对屈曲的影响

10.1 实例分析：柱形壳体

在本章中，将对一个柱形壳体运行一次屈曲分析，并利用对称来简化计算。首先，运行一次线性屈曲分析并讨论其局限性；然后，运行一次线性静应力分析，获取非线性静应力屈曲分析的参数，将使用弧长增量控制技术，克服固有的非线性计算中的不稳定性；最后，对比和讨论线性和非线性算例得到的结果。

1. 项目描述

分析一个柱面扁壳受到中心点载荷下的屈曲，壳体由两个平行边简单支撑，而另外两个边则不受约束，如图 10-1 所示。模型参数如下：

（1）半径　2540mm。

（2）厚度　6.35mm。

（3）宽度　508mm。

（4）Theta 截面　0.2rad（11.46°）。

（5）材料　铝合金中的 1060 合金。

（6）参考载荷　1000N，中心点载荷。

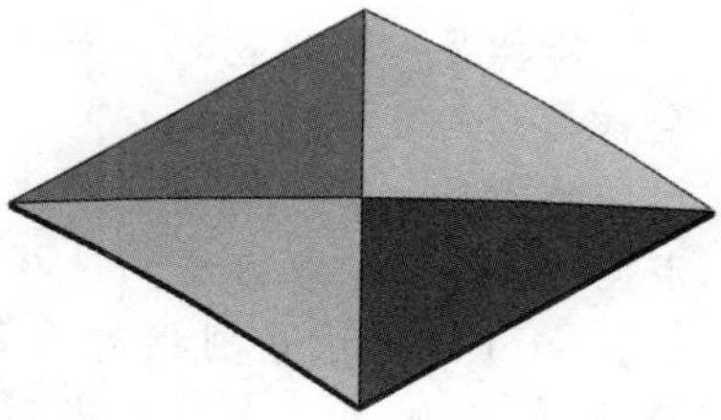

2. 关键步骤

图 10-1　柱面扁壳

（1）线性屈曲分析　线性屈曲分析将提供初步分析结果，以便和非线性分析结果进行比较。

（2）线性静应力分析　为了评估用于非线性分析的一些参数，将运行一次线性静应力分析。

（3）非线性静应力屈曲分析　使用非线性静应力分析，以获得对屈曲更准确的预测。

10.2 线性屈曲分析

为了查看线性屈曲分析，请先学习《SOLIDWORKS Simulation 高级教程（2020 版）》第 3 章的内容。本章将快速运行线性屈曲分析并和非线性分析进行对比。

扫码看视频

操作步骤

步骤1　打开零件　从 Lesson 10 \ Case Study 文件夹下打开文件 Cylindrical Shell。

步骤2　更改配置　因为结构和载荷是对称的，这里将只分析 1/4 模型。在 SOLIDWORKS Configuration-Manager 中，双击 Quarter Model 配置将其激活。在【视图】菜单中，选择【所有注解】以查看中心和边界。

步骤3　定义算例　从 Simulation 菜单中，单击【新算例】🔍，【类型】选择【屈曲】🔍，在【名称】中输入 Linear Buckling-Quarter，单击【确定】。

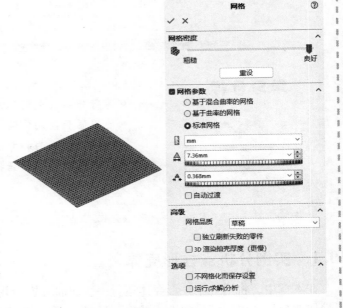

图 10-2　生成网格

步骤4　定义壳体表面　零件将采用壳体单元划分网格。在仿真树中右击 Cylindrical Shell 实体，选择【按所选面定义壳体】。选择柱面体的顶面，壳体【类型】选择【细】，【抽壳厚度】输入 6.35mm，在【偏移】选项组中保留默认的【中曲面】，单击【确定】。

> **提示**　假设中间表面定义足以表征几何形状以进行初步研究。但是应该在更精细的后续研究中捕捉这些细节。

步骤5　定义材料　选择铝合金中的 1060 合金作为材料。

步骤6　划分网格　右击【网格】，选择【生成网格】。【网格品质】选择【草稿】，【整体大小】和【公差】分别指定为 7.36mm 和 0.368mm。使用【标准网格】，单击【确定】，如图 10-2所示。

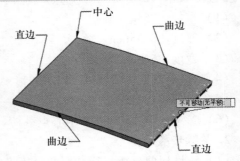

图 10-3　创建简单支撑夹具

步骤7　创建简单支撑夹具　对相对于中心的支撑直边，添加【不可移动（无平移）】的边界条件，如图 10-3 所示。重命名该边界条件为 Simply Supported Edge。

步骤8　添加对称夹具　对穿过中心的两条边线，添加【对称】夹具，如图 10-4 所示。

步骤9　添加力　右击【外部载荷】并选择【力】，选择壳体对称点，如图 10-5 所示。选择【Top Plane】作为基准面方向。

设置【单位】为 SI，指定【力】为 250N，并选择【选定的方向】。确认力的方向朝下，如果方向不对，选中【反向】，如图 10-6 所示。

单击【确定】保存力的设置，重命名载荷为 Center force。

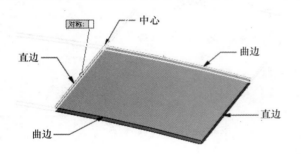

图 10-4　添加对称夹具

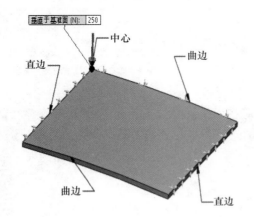

图 10-5　定义位置

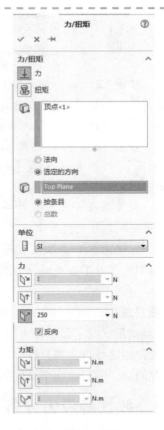

图 10-6　添加力

> **提示**　加载到模型上总的力为 1000N，但由于使用了对称条件，所以这里使用 250N 的力。

步骤 10　运行算例　分析顺利完成。

步骤 11　图解显示位移结果　对第一个屈曲模式定义【AMPRES：合成振幅】图解，如图 10-7 所示。

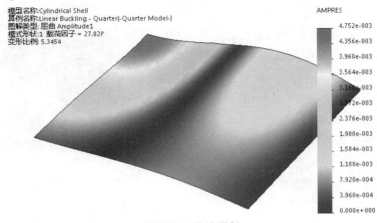

图 10-7　位移图解

> **提示** 　　图解中的实际数值为合位移。这些数字的绝对值毫无意义，因为它们并不代表真实的位移，只是显示关于第一个屈曲模式的相对位移（形状）。

步骤 12　动画显示第一个模式形状
在【Simulation】菜单中选择【结果工具】/【动画】，用户还可以将动画保存为 AVI 文件。

步骤 13　列举屈曲安全系数　右击【结果】文件夹，选择【列出安全系数】，如图 10-8 所示。

查看屈曲安全系数并单击【关闭】。可以观察到线性屈曲安全系数大致为 $\lambda_{1.\,linear} = 27.8$，这意味着壳体在载荷 $1000N \times 27.8 = 27800N$ 作用下会失效（由于屈曲）。

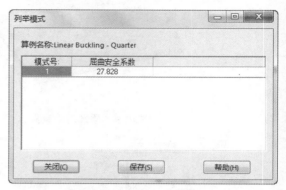

图 10-8　列举屈曲安全系数

线性屈曲：假设和限制　线性屈曲假定在发生屈曲之前（通过限制平衡路径的突变点来定义），结构形状并不显示较大改变。因此，通常需要小心处理结果。此外，线性分析不能分析后屈曲行为，而这些行为在某些应用中可能非常重要。因此将使用一个非线性算例来求解此问题，并对比两个算例的结果。

扫码看视频

10.3　线性静应力分析

在进行非线性屈曲分析之前，将对本模型运行一次线性静应力分析，以便对预期得到的最大位移进行评估。

142

操作步骤

步骤 1　定义静应力分析算例　定义一个【静应力分析】算例，并从屈曲算例中复制下面的特征：

Cylindrical Shell、夹具、外部载荷和网格。确认排除了实体并定义了壳体厚度。

步骤 2　运行算例　运行这个静应力分析算例，图解显示位移结果。注意到最大位移小于 0.5mm，如图 10-9 所示。

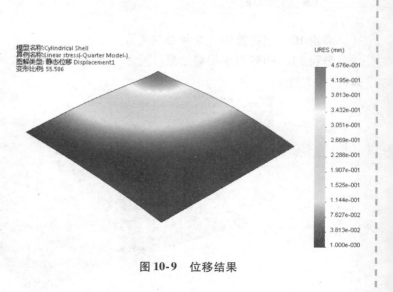

图 10-9　位移结果

10.4　非线性静应力屈曲分析

10.4.1　非线性对称屈曲

为了说明变形过程中的形状改变，将运行一次非线性分析，以便研究结构的后屈曲行为，这在某些设计中有时非常重要。该分析也会给用户提供关于屈曲载荷因子的更多准确预测。

弧长控制方法　在描述弧长控制方法之前，先快速总结一下力控制方法和位移控制方法。

力控制方法通过增量施加载荷来解决问题，以求解结构的响应。此控制方法是最通用的，允许用户定义沿单个伪时间路径独立作用的载荷，如图 10-10 所示。

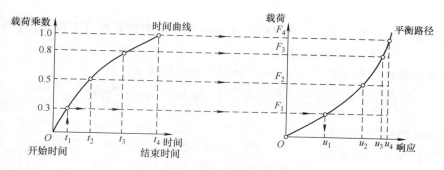

图 10-10　力控制方法

扫码看视频

位移控制方法通过逐步增加结构在指定位置对载荷的响应来解决问题，并确定每一步的载荷，如图 10-11 所示。这种控制方法非常适合解决结构在其载荷路径上的一个或多个实例中刚度最小的问题。但是，当结构的刚度迅速增加时，这种控制方法可能会失败。这种控制方法无法解决规定的位移（移动夹具）或独立作用的载荷。

143

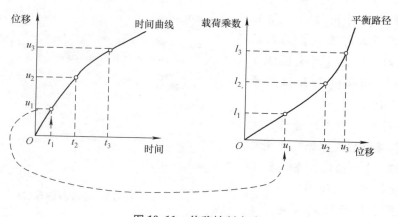

图 10-11　位移控制方法

弧长控制方法通过弧长定义载荷与结构对载荷的响应之间的受控关系来解决问题，并沿弧长找到平衡解，如图 10-12 所示。这种控制方法非常适合求解刚度和位移快速变化（这是屈曲和后屈曲行为的特征）的结构。

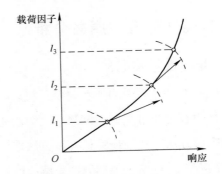

图 10-12   弧长控制方法

操作步骤

步骤1   定义算例   复制算例 Linear Buckling-Quarter 的参数到新算例【非线性】/【静应力分析】中，新算例名称为 Nonlinear-Quarter。

步骤2   修改算例属性   右击算例 Nonlinear-Quarter 并选择【属性】。

提示   当使用弧长控制方法时，并不使用【初始时间增量】参数。

这个分析中不会用到【开始时间】和【结束时间】参数，随后将讨论此问题。确保选中【使用大型位移公式】。【解算器选择】选择【Intel Direct Sparse】，如图 10-13 所示。

步骤3   设置高级选项   切换至【高级】选项卡，在【方法】选项组中，设置【控制】为【弧长】，【迭代方法】为【NR（牛顿拉夫森）】。设置【最大位移（对于平移 DOF）】为 30mm（随后将讨论这个问题）。保留【最大载荷式样乘数】为默认值 100 000 000，设置【最大圆弧步进数】为 100。保留【初始弧长乘数】为默认为 1。

【最大载荷式样乘数】和【最大圆弧步进数】参数定义了跟踪平衡路径的解算时间。【初始弧长乘数】参数控制的是初始步长的大小。

确认【最小】时间增量为 1×10^{-8}，【最大】时间增量为 0.1，【调整数】为 5。保留所有其他选项为默认值，单击【确定】，如图 10-14 所示。

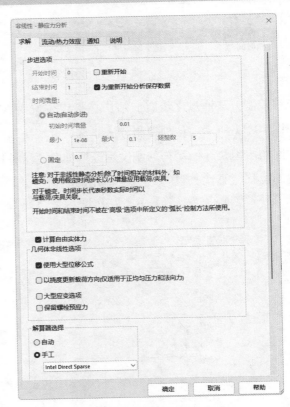

图 10-13   修改算例属性

144

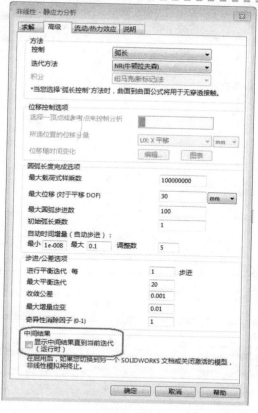

图 10-14　设置高级选项

1. 弧长：参数

当使用弧长控制方法时，不必指定任何时间曲线（载荷和结构响应都不受控制）。因此，当设置非线性算例属性时，传统的步进选项已被禁止使用了。

选项【初始弧长乘数】（在【高级】选项卡中）和【最大】时间增量与初始和最大弧线"长度"（或步长大小）相关。由于它们之间到底是怎样相关的不能立即呈现，因此建议保持【初始弧长乘数】为 1，【最大】时间增量为 0.1。当求解完成并得出平衡路径时（或者分析失败后得到的部分路径），可以判断是否要修改基于点分布的参数。

考虑下面三种情况，如图 10-15 所示。

在这三个样例中，相对于平衡路径的整体"长度"和形状，初始弧长的大小是恰当的。因此，【初始弧长乘数】应保留默认值为 1。如果相对于平衡路径而言初始步长太大，而且路径中的某些重要部分发生丢失，则需要减小【初始弧长乘数】的数值。

在【高级】选项卡中，【最大载荷式样乘数】一般保留其默认数值 100 000 000。更多时候是控制【最大位移（对于平移 DOF）】选项，其数值应该合理地反映出预期的结构最大位移，对该数值的有效评估由以下公式给出：

估计的【最大位移】 = 2 × 线性屈曲载荷因子 × 静应力分析算例中的最大位移

在本实例中，可以得到：估计的【最大位移】 = 2 × 27.8 × 0.5mm = 27.8mm。

这就是【响应图表】对话框中的数值。

最后，【最大圆弧步进数】选项指明了打算跟踪平衡路径的解算时间（首先假定【最大位移（对于平移 DOF）】没有得到满足）。

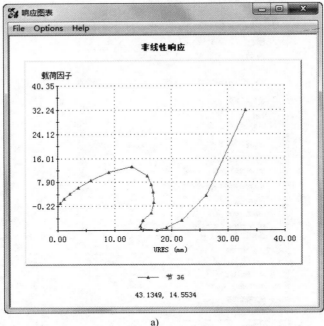

a)

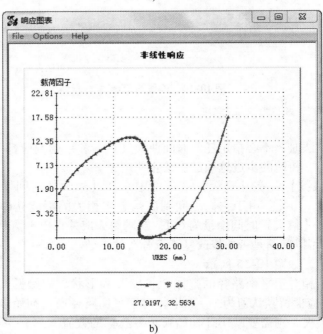

b)

图 10-15　响应图表

a)【初始弧长乘数】=1，【最大】时间增量=1，【最大圆弧步进数】=20。这样描述的平衡路径显得有些过于粗糙，而且有可能不够完整。因此需要修改参数，然后重新运行该算例

b)【初始弧长乘数】=1，【最大】时间增量=0.1，【最大圆弧步进数】=500。这样描述的平衡路径可以认为是最佳的

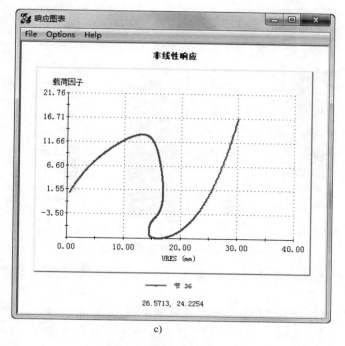

c)

图 10-15　响应图表（续）

c)【初始弧长乘数】=1，【最大】时间增量=0.01，【最大圆弧步
进数】=1000。这样描述的平衡路径过于密集，求解时间可能会很长

步骤 4　设置结果选项　为了查看中点位置的结果，右击
【结果选项】并选择【定义/编辑】。在【响应图解】选项组
中，选择【传感器清单】为【Workflow Sensitive1】。模型中已
经定义好了这个传感器，该传感器位于壳体中心，即载荷加
载的地方。用户可以在 FeatureManager 设计树中看到它。

在【保存结果】选项组中，确认选择了【对于所有解算
步骤】。单击【确定】保存设置，如图 10-16 所示。

步骤 5　运行算例　分析可以顺利完成。

步骤 6　查看位移结果　在求解结束时定义一个【URES：
合位移】图解，如图 10-17 所示。

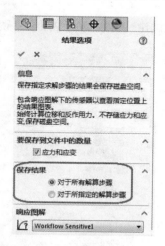

图 10-16　设置结果选项

> **提示**　分析这个结构，直到中点达到最大位移
> （约 30mm），或最大圆弧步进数达到最大值
> 100。首先满足的是最大圆弧步进数。

步骤 7　动画显示位移　注意，在动画中显示的变形形状明显不同于从算例 Linear
Buckling-Quarter 中得到的动画。尤其需要注意的是，在中点位置位移从下至上的临时转向。

147

图 10-17　位移图解

仔细查看分析过程中中点发生的情况，可以提供力变化的图表。

步骤 8　图解显示响应图表　右击【结果】文件夹并选择【定义时间历史图解】，如图 10-18 所示。传感器中选择的顶点将会出现在【预定义的位置】列表中。对【X 轴】选择【URES：合位移】，设置【单位】为 mm，如图 10-19 所示。

单击【确定】绘制图表。

图 10-18　选择定义
时间历史图解

讨论　可以发现中点沿平衡路径有几个关键点，如图 10-20 所示。

图 10-19　设置参数

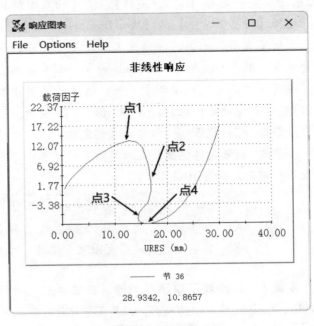

图 10-20　响应图表

（1）点 1　结构不再临时稳定。当力开始减小时，中点的位移持续增加。对应该点的载荷因子（大约 13.1）是从非线性算例中得到的屈曲因子。对应这个因子的屈曲因子为 1000N × 13.1 = 13100N，它比线性算例中得到的屈曲力（27.8kN）的 50% 还小。其结果是，线性屈曲高估了初始屈曲力，这一点必须牢记。当对线性屈曲结果没有信心时，通常需要非线性分析来准确预测结构性能。

（2）点 2　这个点的特点是，加载的力继续下降，而中点的位移也开始减小（位移反转）。

（3）点 3　力仍然下降，而中点的位移反转并重新开始增加。注意施加的力改变了它的方向。

（4）点 4　施加的力和中点的位移都增加，而且会持续保持这样的状态，直至结构由于拉伸应力超出材料的拉伸强度而失效。

2. 对称和非对称平衡，分歧点的对比

根据之前的两个算例，可以得出结论：当力到达约 13.1kN 时，结构会发生屈曲。然而，屈曲的现象非常复杂，有必要质疑当前的结果。这个结构在几何、支撑和载荷方面都是对称的，因此只用 1/4 的简化模型，并应用了对称的边界条件。这些条件"强制"结构对称地发生屈曲。

事实上，和对称的非线性结果相比，可以观察到对称的壳体在非常小的载荷下都会发生屈曲。当增加载荷到一定水平时，结构会以一个特定的方式表现出来，而不管是否强制使用了对称条件。一旦达到了指定的载荷大小（在平衡路径中这个点被称为分歧点），会出现下面两种可能：

- 如果强加了对称条件，结果会沿着对称屈曲平衡求解路径。
- 如果无限小的扰动导致结构偏离对称的结果，结构将沿着非对称屈曲平衡求解路径。

10.4.2　非线性非对称屈曲

下面将通过分析整个结构重新求解上面的问题，会对此对称模型引入一个小的扰动，即将作用力的加载位置稍稍偏离壳体的几何中心。

操作步骤

步骤 1　激活配置 Default　在 ConfigurationManager 中激活配置 Default。

步骤 2　定义非线性算例　定义一个名为 Nonlinear-Full 的【非线性】算例。

分析整个模型的几何形状，并注意靠近中心的小三角形，如图 10-21 所示。下面将使用这个特征来生成非对称网格，并在稍稍偏离中心的位置加载力。

步骤 3　设置壳体　在仿真树中右击 Cylindrical Shell 实体，选择【按所选面定义壳体】。选择柱面体顶部的五个面。确认选择了前面步骤中提及的小面。壳体【类型】选为【细】，并在【抽壳厚度】中输入 6.35mm，单击【确定】。

图 10-21　小三角形区域

步骤 4　定义材料

> ⚠️ **注意**　应用铝合金中的 1060 合金。确认使用的是【线性弹性各向同性】材料模型类型。

步骤 5　添加简单支撑　沿着顶部直边生成【不可移动（无平移）】的夹具，如图 10-22 所示。

确认选择的是定义的壳体上的边线，重命名夹具为 Simple Support。

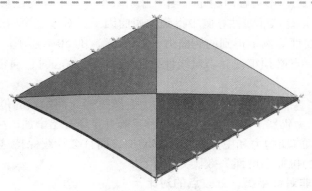

图 10-22　支撑约束

扫码看视频

步骤6　添加垂直作用力　在靠近中点的小三角形两个顶点中的任何一点应用1000N的垂直作用力（图10-23），注意不要将力直接作用在中点上。

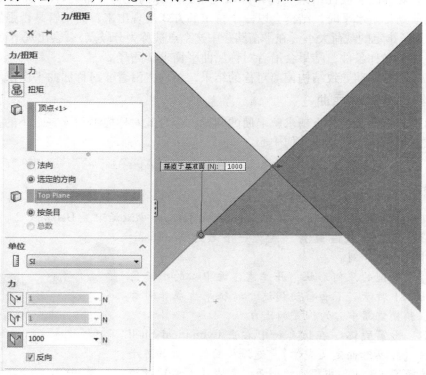

图 10-23　添加垂直作用力

选择 Top Plane 作为定义方向的基准面，确认力的方向朝下（沿 y 轴的负方向），重命名边界条件为 Off-Center force。

步骤7　应用网格控制　对靠近中点的小三角形表面应用网格控制，设置【单元大小】为0.25mm，【比率】为1.3，如图10-24所示。

步骤8　划分网格　使用【草稿】品质网格对模型划分网格，选择【标准网格】，设置【整体大小】为18mm，【公差】为0.90mm，最终的网格如图10-25所示。可以发现网格是非对称的。

步骤9　设置结果选项　和之前的非线性算例一样，将查看中点处的结果。按照 Nonlinear-Quarter 算例的步骤定义中点的响应数据，这些数据将被保存用于出图。

步骤10　指定算例 Nonlinear-Full 的属性　指定和 Nonlinear-Quarter 算例完全相同的算例属性。

步骤11　运行算例　非线性分析将需要大约 10min 才能完成。

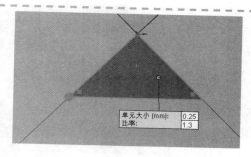

单元大小 (mm):	0.25
比率:	1.3

图 10-24　应用网格控制

步骤12　查看位移结果　在【结果】文件夹下，对最后一个求解步长定义【URES：合位移】图解，如图 10-26 所示。

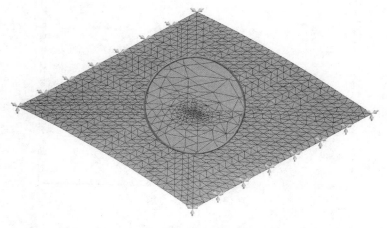

图 10-25　对模型划分网格

151

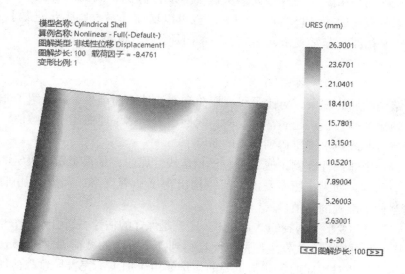

模型名称: Cylindrical Shell
算例名称: Nonlinear - Full(-Default-)
图解类型: 非线性位移 Displacement1
图解步长: 100　载荷因子 = -8.4761
变形比例: 1

URES (mm)

26.3001
23.6701
21.0401
18.4101
15.7801
13.1501
10.5201
7.89004
5.26003
2.63001
1e-30

<< 图解步长: 100 >>

图 10-26　位移图解

步骤 13　动画显示位移　按照算例 Linear Buckling-Quarter 的对应步骤，动画显示结构的变形。可以观察到在结构的某些点会发生非对称屈曲，形状明显不同于在算例 Non-linear- Quarter 中得到的合位移结果。

步骤 14　图解显示响应图表　右击【结果】文件夹，选择【定义时间历史图解】，绘制中点处载荷因子随合位移变化的图表，如图 10-27 所示。

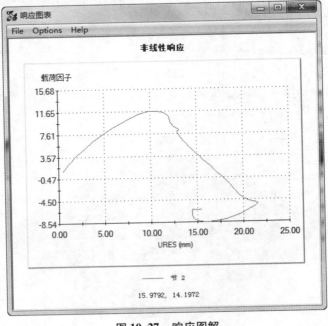

图 10-27　响应图解

可以看出中点处的平衡路径差异很大，从这个非线性算例得到的载荷因子（11.6）比对称模型的非线性结果的载荷因子（13.1）小 11%。也可以增加【最大圆弧步进数】到 250 并再次求解分析，会发现平衡路径非常复杂，形成了一个闭环。

10.5　总结

本章描述了结构的屈曲现象，对比了线性屈曲和非线性屈曲结果，并介绍了非对称屈曲的概念，从安全设计的角度而言，这是非常重要的。线性屈曲高估了屈曲因子的数值，在实例中，线性屈曲的估算值超过非线性求解所得到结果的 50%。

是否需要运行一个非线性算例，或是否应该相信线性屈曲，是很难做出决定的，这完全取决于分析经验。一般而言，如果在屈曲发生之前结构出现了显著变形，需要采用非线性的解决方案，以得到屈曲载荷下准确的估值。

还可以观察到，对称变形下得到的结果并不一定就是保守的估计。当引入一个小的扰动时，结构通过非线性分析以非对称的方式发生屈曲，而且得到甚至更小的载荷因子 11.6。从实用的角度而言，分析对称结构的非对称屈曲是非常重要的，例如由于加工不完善导致载荷加载不对称时。

练习 10-1　架子的非线性分析

在本练习中，将对一个架子进行一次屈曲分析。

本练习将应用以下技术：

- 线性屈曲
- 非线性非对称屈曲
- 弧长控制方法的使用

1. 问题描述

架子的结构包含两个中间隔板和两个端部板，并且底端固定。上三层板（自上而下）分别受到 45N、180N 和 900N 的载荷，如图 10-28 所示。

分析架子的最高 von Mises 应力、最大位移以及在分析中加载书和其他出版物时的屈曲安全系数。首先，需要运行线性静应力分析和屈曲分析，以快速评估结构性能和稳定性。其次，将采用非线性算例来求解相同的问题。因为屈曲现象是预料之中的（相对薄的结构受到压缩载荷），在此会使用弧长控制方法。最后，还将对比和讨论线性和非线性的结果。

装配体模型包含四个钣金零件，并使用壳单元划分网格。对应中间隔板的零件被使用了两次（两个实体 Plate3）。装配体中的所有零件材料都是合金钢。

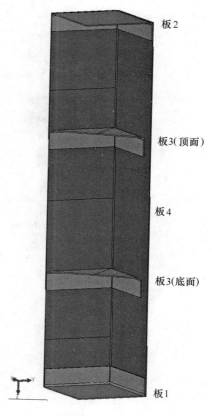

图 10-28　架子

板 2
板 3（顶面）
板 4
板 3（底面）
板 1

操作步骤

步骤 1　打开装配体　打开 Lesson10 \ Exercises 文件夹下的文件 shelf。

步骤 2　定义算例　新建【静应力分析】算例并命名为 Linear Stress。

步骤 3　定义材料　对零件文件夹下的所有壳体应用合金钢的材料。

步骤 4　定义约束　对底层隔板（Plate 1）的底面添加【固定几何体】夹具，如图 10-29 所示。

步骤 5　添加外部载荷　对架子各层的表面分别指定大小为 45N、180N 和 900N 的法向力，如图 10-30 所示。

步骤 6　定义交互　编辑【零部件交互】，命名为 Global Interaction。在【属性】选项组中，确保【最大缝隙】为 0mm，将其余设置保留为其默认的 900N 值，然后单击【确定】。

步骤 7　划分网格　选择【基于曲率的网格】，输入 12mm 作为【最大单元大小】，输入 4mm 作为【最小单元大小】，确保【网格品质】设置为【高】，这指定了二阶元素。单击【确定】。

步骤 8　运行算例

步骤 9　查看应力和位移结果

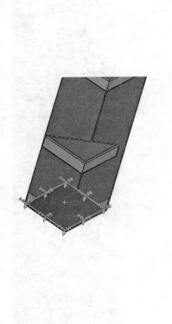

图 10-29　定义约束　　　　　　　图 10-30　添加外部载荷

图解显示 von Mises 应力与合位移，确认【变形形状】设定为【真实比例】，如图 10-31 所示。

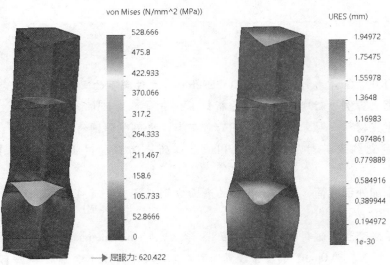

图 10-31　查看结果

最大应力小于材料的屈服应力，位移大约为 2mm。

2. 线性屈曲分析

下面将运行一次线性屈曲分析。

步骤 10　定义新的线性屈曲算例　创建一个新的【屈曲】算例并命名为 Linear Buckling。

步骤 11　复制算例属性　从静应力分析算例中拖曳零件、夹具、外部载荷和网格到屈曲算例中。

步骤 12　运行算例

步骤 13　列举屈曲安全系数

观察到屈曲安全系数大于 1，也就是说，在屈曲安全系数等于 3.2 时，根据线性屈曲分析而言结构是安全的，如图 10-32 所示。

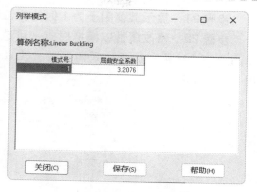

图 10-32　列举屈曲安全系数

3. 非线性屈曲分析

现在要运行一次非线性分析，这会提供屈曲现象、结构的应力水平以及位移方面更准确的图像，还能对两个线性算例的准确性做更多的评价。

步骤 14　定义非线性算例　新建名为 Nonlinear Buckling 的【非线性】算例。

步骤 15　复制算例属性　从静应力分析算例中拖曳零件、夹具、外部载荷和网格到非线性算例中。查看三个隔板的力和各自的时间曲线，因为预测会发生屈曲现象，将使用弧长控制方法，而不使用时间曲线。

步骤 16　设置结果选项　已经提前创建了一些传感器，用来观察各个位置的结果。

在【结果选项】中，【保存结果】选择【对于所有解算步骤】，【响应图解】选择【Workflow Sensitive1】，如图 10-33 所示。

步骤 17　确定初始最大位移　在定义弧长属性之前，先使用以下等式估计模型在屈曲开始时的位移响应：最大位移 = 2 × 线性屈曲载荷因子 × 静态算例的最大位移 = 2 × 3.2 × 2mm = 12.8mm。

步骤 18　设置非线性算例的属性　确保选中【使用大型位移公式】，在【解算器选择】下选择【Intel Direct Sparse】，单击【高级选项】按钮切换至【高级】选项卡，【控制】方法选择【弧长】，在【圆弧长度完成选项】下将【最大位移（对于平移 DOF）】设置为 12.8mm，并为【最大圆弧步进数】设置合理的值，将【初始弧长乘数】设置为 0.1，【最大】时间增量设置为 0.1，【调整数】设置为 50。

图 10-33　设置结果选项

步骤 19　运行算例

步骤 20　图解显示响应图表　对所选的四个顶点显示响应图解，如图 10-34 所示。

请注意，如果没有在平衡路径中得到跳跃点，则必须修改弧长方法的设置（也就是【最大圆弧步进数】、【最大位移（对于平移 DOF）】和【最大】时间增量），然后重新运行算例。由于无法提前知道极点的位置，初始位置有可能是不理想的，如图 10-35 所示。

步骤21　显示载荷因子为 1 时的合位移（图 10-36）

步骤22　修改属性以模拟屈曲（可选）　编辑【属性】并修改圆弧长度参数，以便结构屈曲。这是一个开放式问题。当生成的响应图表包含水平拐点时，会发生屈曲，如图 10-37 所示。

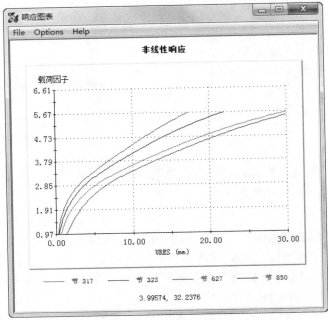

图 10-34　响应图表（一）

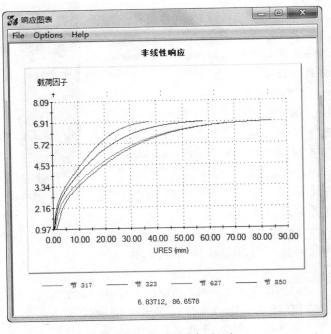

图 10-35　响应图表（二）

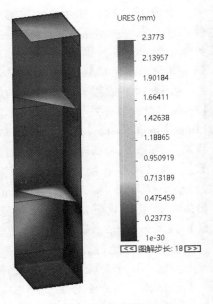

图 10-36　显示结果（一）

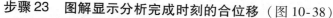

步骤23　图解显示分析完成时刻的合位移（图10-38）

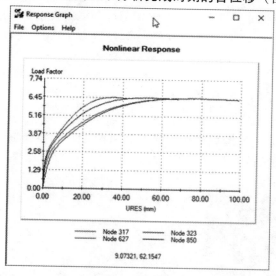

图 10-37　响应图表（三）

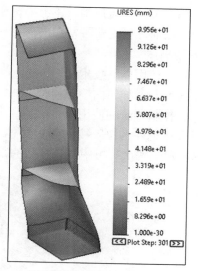

图 10-38　显示结果（二）

 提示　　用户设置的圆弧长度参数可能与此处不同，因此，模拟结束时的结果可能会有所不同。

4. 讨论

可以注意到，在这个模型中，载荷因子看上去是持续增加的。有些结构的设计遵循这样的方法：材料的刚度不允许结构轻易发生屈曲，首先可能发生的会是屈服和过度变形。在本模型中，看到架子先发生扭曲，然后再弯曲。在非线性算例中可以看到，载荷因子为1时的结果接近于线性算例的结果。然而，随着载荷持续增加，过度变形和存在于模型中的应力成为首要关注对象，而不再是屈曲。

线性屈曲提供了屈曲载荷的快速评估。因为快速，这些结果也继承了线性分析的先天不足，也就是线性屈曲并不考虑架子变形所产生的刚度变化。对于某些结构（比如柱面壳体），这些局限是不可接受的，这时需要考虑使用非线性的解决方案。

通常情况下，线性屈曲会比非线性分析中得到的屈曲载荷提供更高的估值，因此必须小心处理。然而在一些情况下，线性屈曲的预测可以预示一定载荷下的屈曲。但在实际情况下，结构不会轻易发生屈曲，更多是由于屈服和（或）过度变形而发生的失效。本练习对架子模型的分析也揭示了这一现象。线性屈曲分析预测一定临界载荷下的屈曲，而非线性分析揭示的是更复杂的现象，即当屈服和（或）过度变形导致结构失效时，在更高的载荷作用下会发生明显的刚度下降。

5. 总结

在本练习中，比较了线性静应力和线性屈曲的估值，并和非线性算例得到的结果进行了对比，可观察到非线性屈曲算例准确地描述了模型的特性。线性屈曲算例之所以没有按可以接受的准确度来描述特性，是由于没有考虑到变形过程中的刚度变化。然而，一般来说，线性屈曲结果通常都需要谨慎对待，因为它们可能会明显高估载荷因子。

练习 10-2　遥控器按钮的非线性分析

在本练习中，将对控制设备上的按钮执行非线性分析。在电子部件和消费类设备上的按钮设计中，使用屈曲分析是非常常用的。

1. 问题描述

本练习将使用以下技术：

- 非线性非对称屈曲
- 弧长控制方法的使用

该装配体组件由橡胶按钮和半导体组成。当按钮被按下时，它将两个半导体压在一起，如图 10-39 所示。本次练习中的分析目的是确定按下按钮所需的最大力。

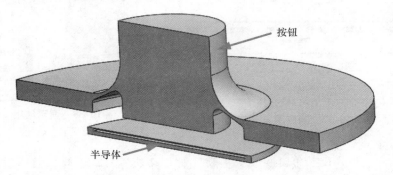

图 10-39　按钮模型

该按钮由硅橡胶制造，半导体使用高密度 PE 制成。由于按钮的轨迹在半导体上出现塌陷时显示出了弯曲不稳定性，因此将使用弧长控制方法来进行求解。

操作步骤

步骤 1　打开装配体　从 Lesson10\Exercises 文件夹中打开文件 Remote control button。

步骤 2　检查算例　查看其设置状态，确认非线性、二维简化、轴对称的算例已经被定义，并且命名为 Button press。

步骤 3　定义材料　两个组件的材料已经赋予好。

步骤 4　定义约束　将【滚柱】/【滑杆】约束施加到图 10-40 中所示的三个面上。

步骤 5　施加外部载荷　在按钮顶部施加 1N 向下的力，如图 10-41 所示。

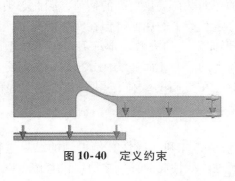

图 10-40　定义约束

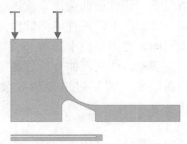

图 10-41　施加外部载荷

步骤6　定义按钮和半导体之间的接触　在指示面之间，定义【曲面到曲面】的接触，如图 10-42 所示。

步骤7　定义半导体之间的接触　在指定的面之间定义相同的接触，如图 10-43 所示。

图 10-42　定义按钮和半导体之间的接触　　　　**图 10-43　定义半导体之间的接触**

步骤8　定义网格控制参数　在半导体的顶部两面上定义 0.02mm 网格控制参数，如图 10-44 所示。

在五个指示面上定义 0.3mm 网格控制参数，如图 10-45 所示。

对按钮上较薄部分的底面上定义 0.05mm 网格控制，如图 10-46 所示。所有三个网格控制参数的比率都使用 1.4。

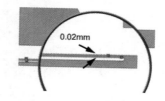

图 10-44　定义网格控制参数（一）

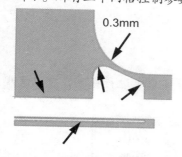

图 10-45　定义网格控制参数（二）

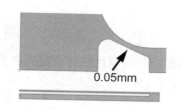

图 10-46　定义网格控制参数（三）

步骤9　设置算例属性　保留【求解】选项卡上的默认设置。在【高级】选项卡中，【控制】方法选择【弧长】，【最大位移（用于平移 DOF）】设置为 1mm，【最大圆弧步进数】设置成为 100，并且【初始弧长乘数】设置为 0.1，【最大】时间增量设置为 0.001，保持其余的参数为默认值。

步骤10　划分网格　创建高品质的基于曲率的网格，如图 10-47 所示。将【最大单元大小】设置为 1mm，【最小单元大小】设置为 0.1mm，【圆中最小单元数】设置为 32，【单元大小增长比率】设置为 1.5。

图 10-47　创建网格

步骤11　运行算例　用户将收到以下警告："未检测到初始接触。是否要停止应用程序并修改模型？"单击【否】，继续计算。

提示　此仿真中的接触需要随着组件的变形而发展。

159

步骤12 绘制响应图表 绘制按钮顶部表面的任何顶点的响应图表，如图 10-48 所示。将【载荷因子】轴上的限制更改为 1。

在按钮折叠到半导体条上之前，推动按钮所需的最大力约为 0.2N。

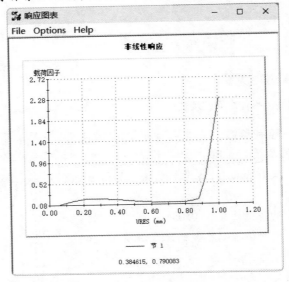

图 10-48 绘制响应图表

步骤13 绘制过程结束时的应力 在按钮的较薄部位上进行探测，可以发现最大应力略高于 1.1MPa，如图 10-49 所示。

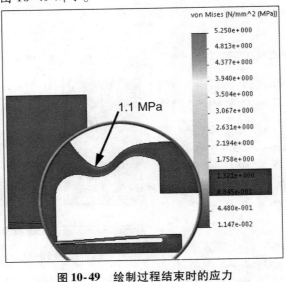

图 10-49 绘制过程结束时的应力

2. 总结

将按钮推到临界位置所需的最大力为 0.2N。然后该力将逐渐减小，直到按钮和半导体之间的接触进一步加深。随着接触的逐渐加深，力又将不断增大。

由于平衡轨迹表现出不稳定临界点，需要使用弧长控制方法来完全解决问题，力控制方法将无法获得完整的解决方案。

第11章 塑性变形

11.1 概述

前文重点介绍了求解非线性系统的控制方法。这些控制方法适用于所有非线性系统（但是也有例外），文中主要关注的是几何非线性。但请注意，系统的几何形状、材料或两者的组合使其可能是非线性的（这里将接触相互作用归类为几何非线性）。

本章将通过分析纸夹的塑形来介绍模拟非线性材料的过程。

塑性变形是大多数金属的变形特性，这些金属承受的应力超过其屈服强度就会发生变形。在这些材料达到其屈服极限之前，将它们的变形描述为线性。使用线性材料制造的结构在卸载时会恢复其原始形状。但是，超过屈服极限的结构在移除载荷后会发生永久变形。

有限元分析要求用户将定向应力分量组合成一个值，以确定结构的屈服程度。但是，有多种组合压力的方法（通常，材料的变形更遵循某一种方法而不是其他方法）。此外，还将区分 von Mises 和 Tresca 应力之间的差异，以确定结构的塑性变形。

11.2 实例分析：纸夹

在本节中，将通过定义四个研究来模拟载荷超过其屈服极限的纸夹，从而验证两个塑性模型（von Mises 和 Tresca）的变形方式。线性静态研究将为三个非线性研究提供参考。每个非线性研究都将具有独特的材料模型（线性弹性、von Mises 塑性和 Tresca 塑性），对比当载荷超过屈服强度时，材料模型如何影响结构响应。

1. 项目描述

由 AISI 1020 钢制成的纸夹，固定其内圈弯管，并在外圈弯管添加一个 1N 的载荷，如图11-1所示。结构将先添加载荷，然后完全卸去载荷。这可用于研究永久变形和材料 AISI 1020 内部的残余应力。

2. 关键步骤

（1）线性静应力分析　线性静应力分析将为非线性研究提供参考。

（2）线弹性模型　使用线弹性模型运行算例，并与非线性算例进行对比。

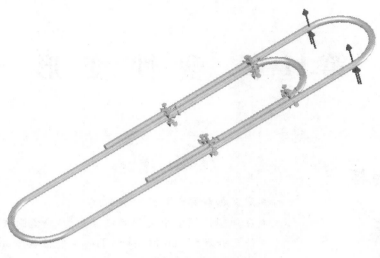

图 11-1   纸夹模型

（3）非线性弹塑性-von Mises   在 von Mises 塑性模型中使用非线性弹塑性应力-应变曲线。

（4）非线性弹塑性-Tresca   在 Tresca 塑性模型中使用非线性弹塑性应力-应变曲线。

11.3   线弹性

贯穿整个加载情况，线弹性材料模型假定应力直接与应变成比例。在这个模型中，显示的最终结果将呈现纸夹在完全加载后的状态。当卸载后，假定材料会恢复至初始形状。

操作步骤

步骤1   打开零件   打开 Lesson11 \ Case Study 文件夹下的文件 paper clip。

步骤2   定义算例   新建一个算例并命名为 Linear，选择分析【类型】为【静应力分析】。

步骤3   定义约束   在内圈圆管的三个面上添加【固定几何体】夹具，如图 11-2 所示。

步骤4   添加外部载荷   选择外圈圆管，并选择【Top Plane】作为参考基准面，以确定力的方向。在【垂直于基准面】的方向添加 1N 的力，力的方向朝上，如图 11-3 所示。

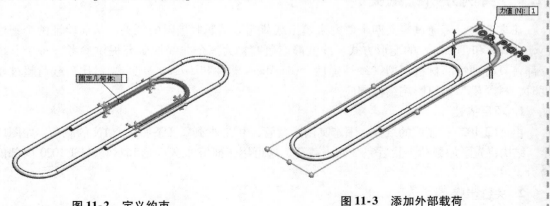

图 11-2   定义约束   图 11-3   添加外部载荷

步骤5　定义材料　从 SOLIDWORKS 材料库中选择 AISI 1020 钢应用到纸夹模型。

步骤6　划分网格　使用【草稿】品质网格划分模型，设置【整体大小】为 0.40mm，【公差】为 0.02mm，选择【标准网格】，单击【确定】。

步骤7　运行算例　分析将顺利完成。

> 提示　　如果弹出提示消息表明有大型位移，单击【否】，因为此时希望从线弹性分析中得到结果。

步骤8　查看应力结果　查看【von Mises 应力】图解，设置【单位】为 N/mm² （MPa），【变形形状】选择【真实比例】，【数字格式】使用【浮点】，如图 11-4 所示。

扫码看视频

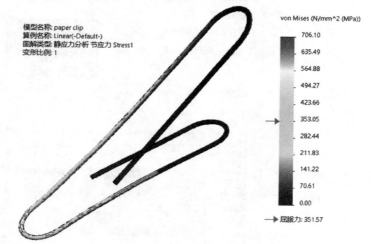

图 11-4　应力结果

可以看到最大 von Mises 应力大约为 706MPa，超出了 AISI 1020 钢的屈服强度（352MPa），即图例中用箭头指示的地方。因此得出结论，材料已经屈服，线性结果不再准确。为了准确描述屈服后的行为，必须运行采用弹塑性材料模型的非线性算例。

步骤9　查看合位移　双击 Displacement1 图标，查看合位移图解，如图 11-5 所示。

可以看到线性算例中合位移的最大值为 19.1mm。

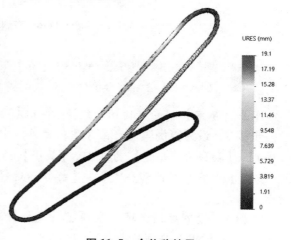

图 11-5　合位移结果

163

11.4　使用线性材料进行非线性研究

通过定义一个非线性算例来突出结构的几何非线性，该算例具有线性算例中使用的线弹性材料模型，还将使用时间曲线定义力来模拟加载和卸载。

扫码看视频

操作步骤

步骤 1 定义非线性算例 使用【复制算例】将 Linear 算例复制到新的【非线性】/【静应力分析】算例中。在算例名称下输入 Nonlinear Elastic。

步骤 2 添加外部载荷 右击 Force-1，然后选择【编辑定义】。在【随时间变化】下选择【曲线】，然后单击【编辑】。将【曲线信息】下的【名称】更改为 Load-Unload。在【曲线数据】下输入以下点：（0，0）、（1，1）和（2，0）。该双斜坡函数表示分析过程中力的变化，如图 11-6 所示。

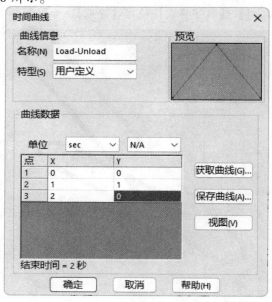

图 11-6 双斜坡函数

> 提示 👉 要添加线条，请双击【点】⊡的单元格。另请注意此曲线乘以载荷（1N）时指定的力值。

单击【确定】接受【时间曲线】。单击【确定】保存 Force-1 边界条件定义。

步骤 3 设置算例属性 在【结束时间】中输入 2，【时间增量】选择【自动（自动步进）】，【初始时间增量】为 0.01，【最小】为 1×10^{-8}，【最大】为 0.1，【调整数】为 5。选中【使用大型位移公式】，【解算器选择】选择【Intel Direct Sparse】，如图 11-7 所示。

步骤 4 设置高级选项 切换至【高级】选项卡，在【方法】选项组中选择【力】控制方法和【NR（牛顿拉夫森）】迭代方法，如图 11-8 所示。将所有其他设置保留为默认值。单击【确定】。

步骤 5 运行算例 分析将顺利完成。

步骤 6 最大负载下的合位移 双击 Displacement1 图表并将【时间】设置为 1s，以显示载荷达到 1N 时的合位移，如图 11-9 所示。该图显示最大位移为 17.4mm，小于线性响应（19.1mm）。这种差异突出了结构的几何非线性性质。

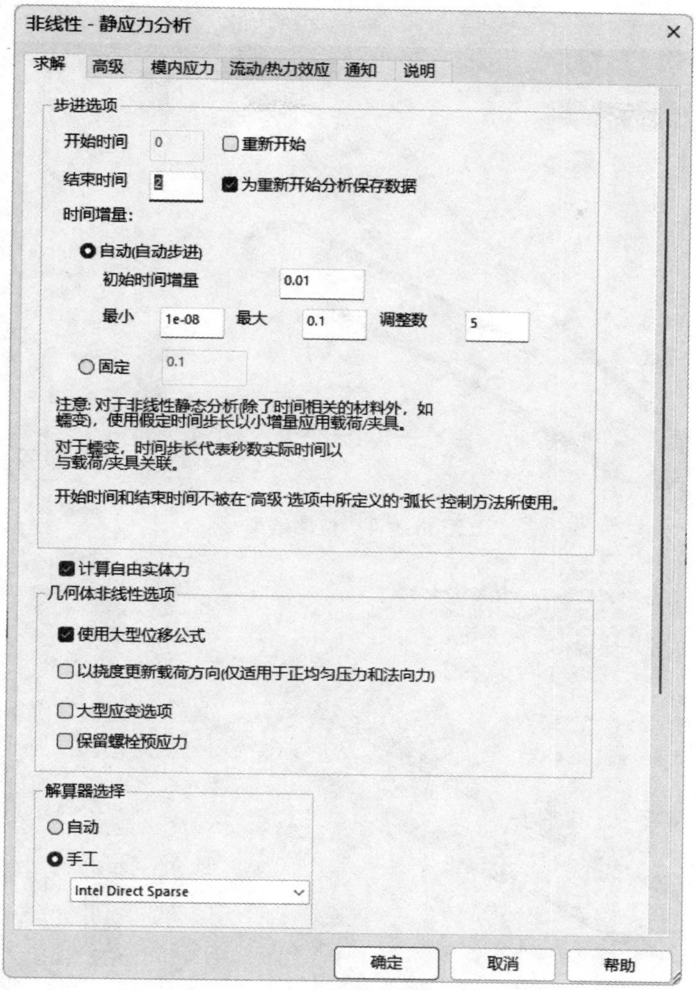

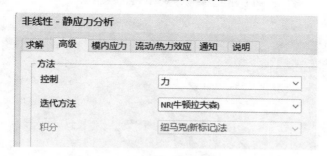

图 11-7 设置算例属性

165

图 11-8 设置高级选项

步骤7 空载状态下的合位移 将【时间】设置为 2s。2s 时载荷为 0，如图 11-10 所示，表示没有发生永久变形。

步骤8 查看应力结果 双击 Stress1 图表并将【时间】设置为 1s，如图 11-11 所示。记下这些值并将其与图 11-4 中的结果进行比较。

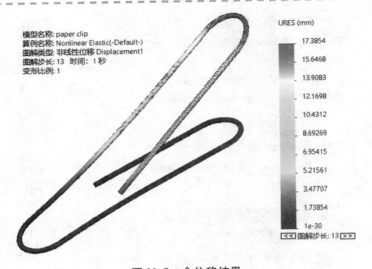

图 11-9　合位移结果

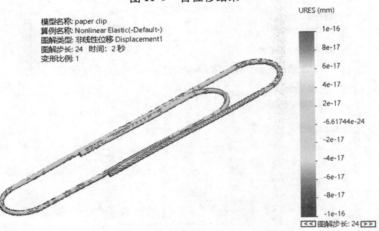

图 11-10　载荷为 0 时的合位移结果

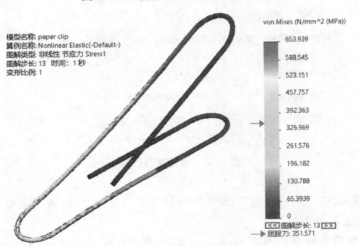

图 11-11　应力结果

11.5 非线性：von Mises

因为材料在一些区域发生了屈服，因此接下来将使用弹塑性模型，并使用大型位移非线性分析来求解这个模型。此外，非线性算例可以解释发生在模型中的大型位移。

操作步骤

步骤1 复制非线性算例 复制算例 Nonlinear Elastic 并重新命名为 Nonlinear-von Mises，选择分析【类型】为【非线性】/【静应力分析】。

步骤2 修改材料 在仿真树中右击 paper clip 并选择【应用/编辑材料】，如图 11-12 所示。

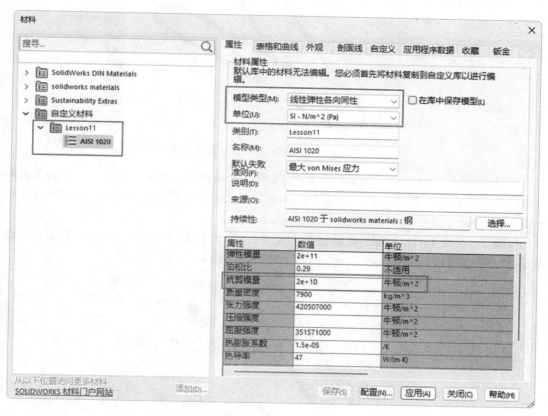

图 11-12 修改材料

将 AISI 1020 钢复制到自定义材料目录下。【模型类型】选择【线性弹性各向同性】，【单位】设定为 N/m² (Pa)。在【抗剪模量】中输入 2e + 10N/m²，即线性弹性模量的 10%。单击【应用】后单击【关闭】保存设置。

> 提示 真实的应力-应变单向材料曲线可以通过双线性曲线逼近。

> 提示 除了对比在完全载荷下的最大合位移之外，还想研究卸载后的永久变形。因此，必须重新定义【力/扭矩】的边界条件。

步骤3 运行算例 分析将顺利完成。

步骤 4   在 $t=1s$ 时刻生成应力图解   生成 $t=1s$ 时刻的【VON：von Mises 应力】图解。这个时刻对应着作用力完全加载的时间点。设置图解的【单位】为 MPa，【变形形状】为【真实比例】，如图 11-13 所示。

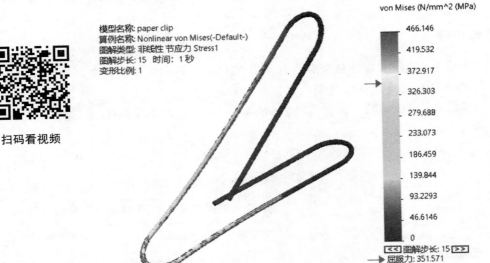

扫码看视频

图 11-13   图解应力结果（一）

可以观察到最大的 von Mises 应力 466MPa 远低于线性算例对应的数值。这是因为材料在屈服后变得更软。也就是说，双线性应力-应变曲线在屈服之后更加平缓（ETAN 等于杨氏模量的 10%）。

步骤 5   生成 $t=1s$ 时刻的位移图解   生成 $t=1s$ 时刻的【URES：合位移】图解。设置【单位】为 mm，【变形形状】为【真实比例】，如图 11-14 所示。

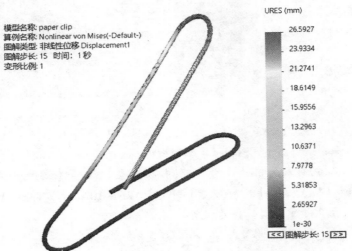

图 11-14   图解位移结果

可以观察到在 $t=1s$（$t=1s$ 时载荷最大）时的最大合位移为 26.6mm，这远大于从线性算例中得到的结果（最大的 URES = 19.1mm）。这是由于模型的局部区域发生塑性变形而导致材料变软。

步骤6 图解显示空载时的位移 在 $t = 2s$ 时载荷已经完全移除，然而由于发生永久变形，会看到一定程度的永久变形。最终图解显示如图 11-15 所示，最大合位移为 11.2mm。

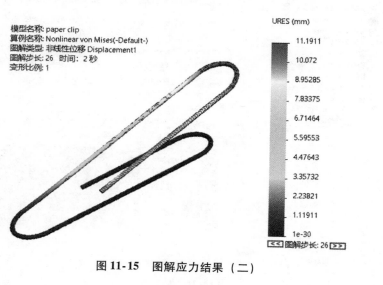

图 11-15 图解应力结果（二）

11.6 非线性：Tresca

描述弹塑性的理论塑性模型有很多。在本章中，练习的是 von Mises 和 Tresca 模型，这两个模型特别适用于金属及其合金，这可以从众多实验和出版物中得到验证。von Mises 模型是一个工业标准，被分析师广泛使用于涉及金属及其合金的案例中。在此，建议用户使用 von Mises 模型作为默认的针对金属的塑性模型，只有当实验确认某些金属适用于 Tresca 模型时才会使用它（假定可以提供这样的信息）。

本章接下来将使用 Tresca 塑性模型来求解该问题，这部分内容适用于对这个主题具有更深入兴趣的用户。我们将对比并讨论两个非线性算例的结果。

操作步骤

步骤1 为 Tresca 模型定义新的非线性算例 复制 Nonlinear-von Mises 算例并重命名为 Nonlinear-Tresca，唯一的修改就是对材料塑性模型的定义。

步骤2 编辑材料 在 Nonlinear Tresca 算例的【材料】对话框中，更改【模型类型】为【塑性-Tresca】，如图 11-16 所示。所有其他材料设置保持不变。

步骤3 运行算例 分析将顺利完成。

步骤4 生成 $t = 1s$ 时刻的应力图解 查阅相关资料，当最大切应力 $(P_1 - P_3)/2$ 等于单向拉伸试验中屈服开始发生时的切应力 $(\sigma_y/2)$ 时，特定材料点的屈服就会发生。为了评估基于 Tresca 屈服准则的屈服，将图解显示应力强度 $(P_1 - P_3)$ 的分布。

生成一个新的【INT：应力强度 (P1-P3)】图解。设置【单位】为 MPa，调节图解步长【时间】$t = 1s$。【变形形状】选择【真实比例】，如图 11-17 所示。

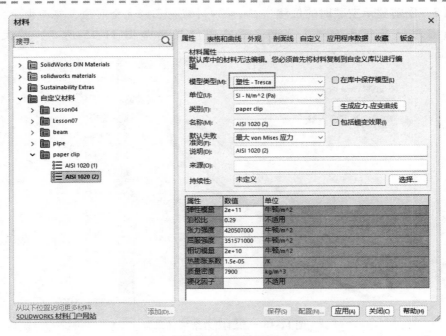

图 11-16　编辑材料

可以观察到最大应力强度为 516MPa，如图 11-18 所示。这要高于材料的屈服强度 351MPa。

扫码看视频

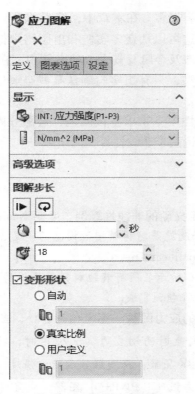

图 11-17　设置应力图解

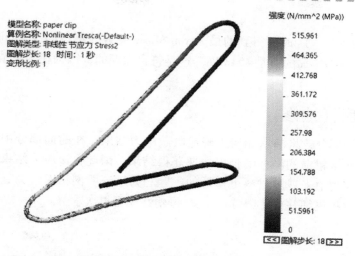

图 11-18　应力结果（Tresca 应力）

步骤5　图解显示 von Mises 应力　作为比较，也将图解显示 $t=1s$ 时刻的 von Mises 应力分布，如图 11-19 所示。

可以发现，算例 Nonlinear-Tresca 中的 von Mises 应力显示为略小的数值 454MPa。和最大应力强度 516MPa 比较，这个结果说明有差异。这个结果与 Tresca 模型更加保守的特点相符，它比 von Mises 模型预测的响应偏软。

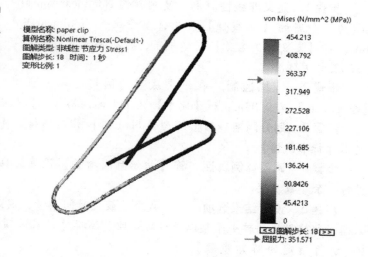

图 11-19　应力结果（von Mises 应力）

步骤6　图解显示位移

双击 Displacement1 图表，观察 1s 和 2s 处的位移，如图11-20所示。

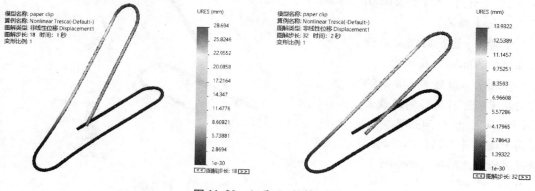

图 11-20　1s 和 2s 处的位移

11.7   讨论

两个非线性算例在 $t=1$s 时刻得到的最大 von Mises 应力并不相同：Nonlinear-von Mises 的值是 466MPa，Nonlinear-Tresca 的值是 454MPa。这是符合预期的，因为在两种情况下塑性软化程度由不同规则控制。

11.8   应力精度（选修）

扫码看视频

在本章的最后一部分，将演示如何正确地收敛应力结果。在前面部分中使用的有限元模型与非常粗糙的网格啮合以快速获得结果。因此，该应力结果并不可靠，只是使用应力值来展示材料可塑性的主题。为了证明网格对应力结果的影响，模型网格化将更细并且使用 von Mises 可塑性模型再次求解。

操作步骤

步骤 1   定义非线性算例   复制算例 Nonlinear-von Mises 为一个新的【非线性】算例，重命名为 Nonlinear-VM fine。在【定义算例名称】对话框下，将新算例与高质量网格配置相关联。

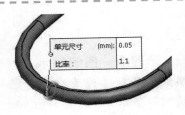

图 11-21   网格控制

步骤 2   网格控制   在纸夹底部的圆形边缘上应用【单元尺寸】为 0.05mm 和【比率】为 1.1 的网格控制，如图 11-21 所示。

步骤 3   划分网格   网格模型使用【高】品质网格，【全局单元尺寸】为 0.43mm，使用【标准网格】。

步骤 4   调整算例属性   将【初始时间增量】设置为 0.005，【最大】设置为 0.01。保持其余参数不变。

步骤 5   设置结果选项   由于减小了最大时间增量，因此模拟后将生成大量数据。现只想保留此数据的较小子集以进行后处理。编辑【结果选项】，并将【保存结果】设置为【对于所指定的解算步骤】。在【解算步骤-组 1】下，将【增量】设置为 10，以仅保存每 10 个计算时间步长的数据。单击【确定】。

步骤 6   运行算例   分析将在大约 30min 内成功完成。

步骤 7   查看 $t=1$s 时的应力结果   可以观察到的最大 von Mises 应力为 543MPa，显著高于使用【草稿】品质网格时计算的相应结果（466MPa），如图 11-22 所示。

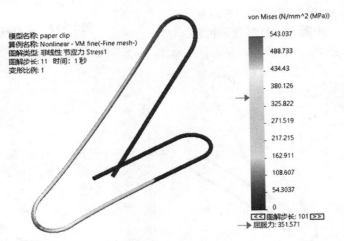

图 11-22   应力结果

11.9　网格切片

　　当分析结果出现在高应力区域时，网格密度是一条重要的信息，能有助于得到结果的可靠性结论。网格切片（图 11-23）是一种方便分割模型的方法，可显示单元的分布并在它们的表面上绘制应力结果。

　　步骤8　网格截面　右击【应力图】，然后选择【网格剖切】。选择 Right Plane（右平面）作为参考，然后选中【显示网格边线】。单击【确定】。

　　可以观察到最高应力出现在纸夹的外侧。此外，还可以看到应力在单元上逐渐变化。虽然更细化的网格可能在某种程度上仍然可以改变应力结果，但是当前网格水平足以用于工程设计，如图 11-24 所示。

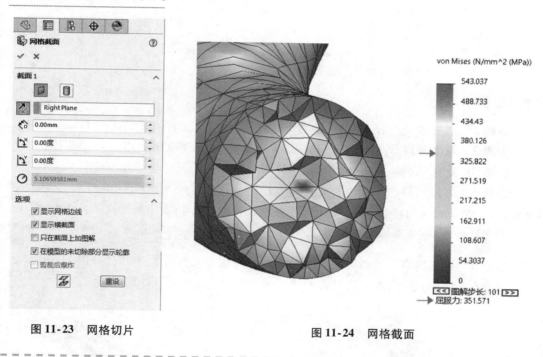

图 11-23　网格切片　　　　　　　　　　图 11-24　网格截面

　　与使用【草稿】品质网格获得的结果相比，通过使用【高】品质网格和细网格解算模型，所得应力结果显著不同。这证明了正确网格细化的重要性。

11.10　总结

　　如果模型中的部分材料发生屈服，线性算例提供的预测是不正确的。在这种情况下，必须引入弹塑性材料模型。对比了两个弹塑性模型：von Mises 和 Tresca。Tresca 模型通常更加保守。

练习 11-1　使用非线性材料对横梁进行应力分析

　　在本练习中，将使用非线性材料模型对一根横梁进行应力分析。
　　本练习将应用以下技术：
- 塑性变形
- 非线性弹性模型

1. 问题描述

图 11-25 所示的长方形横梁是一个半对称模型，实体横梁的长度为 508mm，横截面尺寸为 50.8mm × 50.8mm。横梁受压时的弹性模量为 69GPa，受拉时的弹性模量为 6.9GPa。竖直方向的力作用在悬臂梁的端部。执行线性和非线性分析后再对比二者的结果。

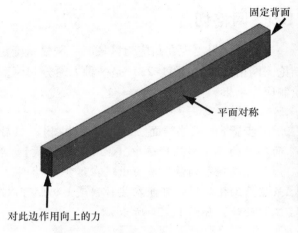

图 11-25　应力结果

操作步骤

步骤 1　打开零件　打开 Lesson11 \ Exercises \ Beam 文件夹下的文件 beam。

步骤 2　激活配置 Symmetry　确认配置 Symmetry 处于激活状态。

步骤 3　定义算例　新建一个线性【静应力分析】算例并命名为 Linear。

步骤 4　定义材料　定义一个【自定义】的线弹性材料并名为 Lesson11，指定【弹性模量】为 69GPa，【泊松比】为 0.3，【质量密度】为 1kg/m³，【屈服强度】为 69MPa。

> **提示**　因为模型是线弹性的，本仿真不会使用屈服强度。

步骤 5　添加约束　对横梁的一个端面添加【固定几何体】夹具，如图 11-26 所示。

步骤 6　添加对称约束　在对称面上应用对称约束，如图 11-27 所示。

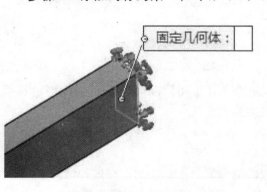

图 11-26　添加约束

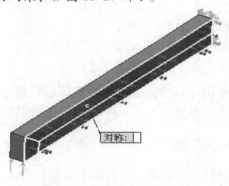

图 11-27　添加对称约束

步骤 7　添加外部载荷　在自由端的水平底部边线添加 4500N 的力，如图 11-28 所示。

步骤 8　生成网格　使用默认数值生成【草稿】品质网格，使用【基于曲率的网格】。

步骤9　运行算例

步骤10　**图解显示合位移**　图解显示
【URES：合位移】，如图 11-29 所示。

步骤11　**定义非线性算例**　新建一个【非
线性】算例并命名为 Nonlinear。

步骤12　**复制算例属性**　从算例 Linear 中
复制实体、夹具、外部载荷和网格文件夹到算
例 Nonlinear 中。

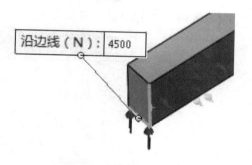

图 11-28　添加外部载荷

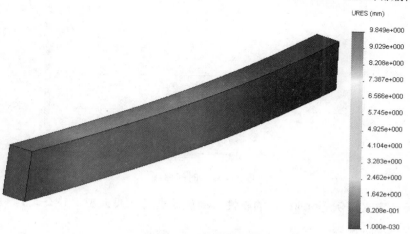

图 11-29　合位移图解

步骤13　**更改材料属性**　指定模型类型为【非线性弹性】材料，【泊松比】设定为
0.3。在【表格和曲线】选项卡中，指定由下列点定义的【应力应变曲线】：（-0.1，
-6.9e9），（0，0），（0.1，6.9e8）。确认【单位】设定为 N/m^2，如图 11-30 所示。

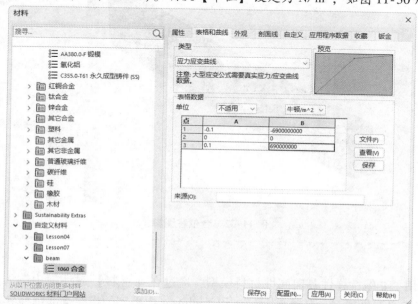

图 11-30　更改材料属性

175

步骤 14　力的增量　确认力是呈线性增加的，如图 11-31 所示。

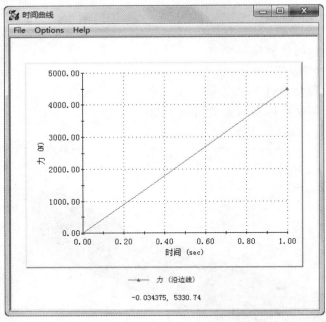

图 11-31　时间曲线

步骤 15　定义算例 Nonlinear 的属性　确认选中【使用大型位移公式】。

步骤 16　运行算例

步骤 17　图解显示分析结束时的合位移　图解显示分析结束时的【URES：合位移】，如图 11-32 所示。

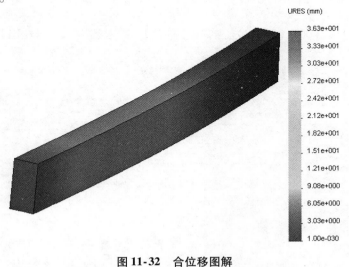

图 11-32　合位移图解

2. 总结

本练习使用了非线性弹性各向同性材料模型。通过在【材料】对话框中输入分段的线性应力-应变曲线来定义弹性模量。从算例 Linear 和 Nonlinear 中得到的横梁端部位移分别是 9.8mm 和 36.3mm。因此，线弹性分析低估了端部位移约 73%。

练习 11-2　油井管连接

在本练习中，将对油井管连接进行分析，如图 11-33 所示。本练习将应用以下技术：

● 弹塑性模型

1. 项目描述

油井管一般要钻入地球表层以下很深的地方工作，其构造一般分为多层。内管将油介质输送到包含多个标准长度管段的表层，这些管段的每端用螺纹联接。这些管段，尤其是连接部分会受到较高的温度及压力环境考验，因此它们的设计和安装对油井运行是非常重要的。

螺纹联接不但要提供足够的强度和延展性，而且还必须保证密封特征以防泄漏。相关法律规定，石油泄漏可能导致油井关闭及巨额罚款。

图 11-34 所示为两个管段典型的螺纹联接。管道通过管道螺纹旋入卡套，带斜角的端部一般称为导柱，它与盒子部件肩部的斜面相接触。肩部几何体推动导柱挤压卡套壁面，从而产生接触压力。随着导柱和卡套两个零件发生变形，接触压力沿着界面发展，从而产生金属与金属之间的密封。沿着界面的接触压力决定连接处的密封性能。

图 11-33　油井

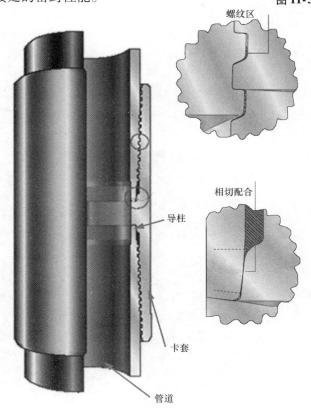

图 11-34　螺纹联接

2. 材料

表 11-1 列出了所有的材料属性，并不是所有参数都是必需的。

3. 加载条件

油介质的压力峰值为 64MPa。在求解过程中，应该忽略温度环境的参数。

4. 目标

进行一次必要的非线性分析，帮助用户判断金属与金属之间的密封是否可靠，能否阻止连接部分发生石油泄漏。本设计需要达到的安全系数是 3.1。肩部位置材料塑性应变最高应为 2%。

表 11-1　材料属性

名　　称	数　　值	名　　称	数　　值
弹性模量	230GPa	热膨胀系数	1.8×10^{-5}℃$^{-1}$
泊松比	0.29	热导率	2.27W/（m·K）
屈服强度	725MPa	比热容	—
抗剪模量	2.7GPa	质量密度	7800kg/m³
张力强度	—		—

请回答下列问题：

1）密封的长度是多少？

2）在极端情况下（安全系数为 1），密封能承受的最大压力是多少？

3）请提出某些设计修改方案来提高结合处的密封性能。

第12章 硬化规律

学习目标

- 定义多个加载的伪时间曲线
- 使用双线性弹塑性模型
- 对比各向同性硬化和运动硬化规律的效果

12.1 概述

塑形流动中的硬化规律决定了载荷的加载和卸载如何影响材料的屈服强度。

12.2 实例分析：曲柄

本章将对一个曲柄进行一次非线性静应力分析，然后会对比和讨论两种不同的硬化规律。需要注意的是，不同的材料将遵守不同的硬化规律。为了进行一次恰当的分析，必须了解给定材料的正确硬化规律。

1. 项目描述

图 12-1 所示的曲柄由合金钢制成，它受到大小为 11000N 的周期性载荷作用。在本次分析中，只考虑一个加载周期。由于载荷的周期特征，模型的局部会在拉伸和压缩方面周期性地发生屈服，因此，必须考虑一下使用硬化规律带来的包辛格效应。

需要考虑两种硬化规律——各向同性硬化和运动硬化，后面将讨论和对比两个算例的结果。

2. 关键步骤

（1）各向同性硬化 使用各向同性硬化规律并观察它对模型的影响。

（2）运动硬化 使用运动硬化规律并观察它对模型的影响。

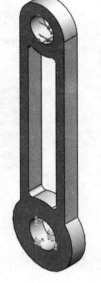
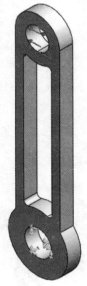

图 12-1 曲柄模型

12.3 各向同性硬化

要研究的第一种硬化规律是各向同性硬化，在各向同性硬化过程中将忽略包辛格效应，即加载发生改变时屈服点是不变的。

扫码看视频

操作步骤

  步骤1 打开零件 打开 Lesson12\Case Study 文件夹下的文件 Crankarm。

  步骤2 定义算例 新建一个【非线性】算例并命名为 Isotropic。

  步骤3 定义约束 对模型基体部分的内侧圆柱面添加【固定几何体】夹具，如图 12-2 所示。

  步骤4 定义材料 使用双线性应力-应变曲线的 von Mises 弹塑性模型。

  在【模型类型】中选择【塑性-von Mises】，并输入下面的应力-应变特性：【弹性模量】为 $2.2 \times 10^{11}\,\mathrm{N/m^2}$，【泊松比】为 0.3，【屈服强度】为 $2.2 \times 10^8\,\mathrm{N/m^2}$，【相切模量】为 $4 \times 10^{10}\,\mathrm{N/m^2}$。设置硬化因子为 0，如图12-3所示。

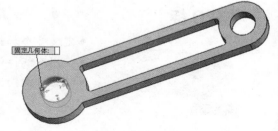

图 12-2 定义约束

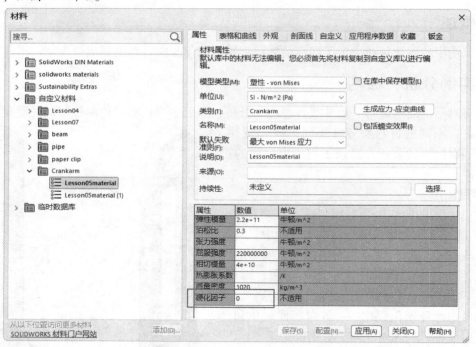

图 12-3 定义材料

> **提示** 硬化因子 RK =0 对应采用各向同性硬化规律的情况。

  步骤5 添加第一个力 在半个圆柱面上，按给定方向添加一个大小为 11000N 的力，如图 12-4 所示。

  在【随时间变化】选项组中，选择【曲线】，然后再单击【编辑】。在【时间曲线】对话框中，指定下面的点来表示分析过程中 11000N 力的变化：(0, 0)，(1, 1)，(2, 0)，(4, 0)，如图 12-5 所示。

图 12-4 添加第一个力

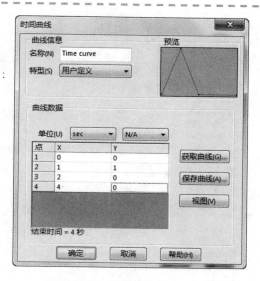

图 12-5 编辑曲线（一）

步骤6 添加第二个力 在相对的半圆柱面上，在相反的方向添加一个大小为 11000N 的力，如图 12-6 所示。

使用点 (0, 0)，(2, 0)，(3, 1)，(4, 0) 设置力的时间曲线，如图 12-7 所示。

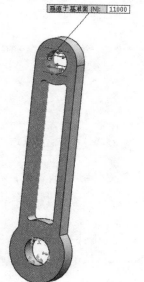

图 12-6 添加第二个力

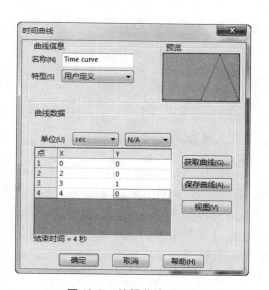

图 12-7 编辑曲线（二）

步骤7 设置非线性算例属性 右击算例 Isotropic 并选择【属性】，设置非线性分析的选项。设置【结束时间】为 4，【初始时间增量】为 0.01，【最大】为 0.1，确认选中了【使用大型位移公式】，使用【Intel Direct Sparse】解算器，如图 12-8 所示。

步骤8 设置高级选项 切换至【高级】选项卡，【控制】方法选为【力】，【迭代方法】选为【NR（牛顿拉夫森）】，单击【确定】，如图 12-9 所示。

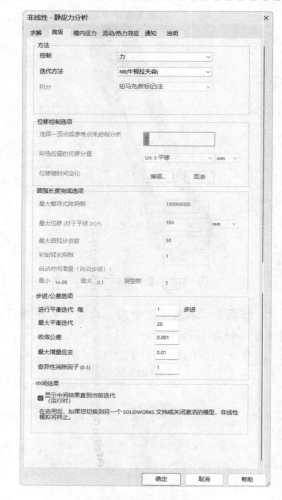

图 12-8 设置非线性算例属性   图 12-9 设置高级选项

步骤9　设置响应选项　右击【结果选项】并选择【定义/编辑】。注意，在靠近曲柄顶部的圆形开口的上部已经设定了一个传感器（图 12-10），将使用该传感器来图解显示这个位置的位移。

在【保存结果】选项组中，选择【对于所有解算步骤】。在【响应图解】选项组中，选择之前定义好的传感器 Workflow Sensitive1，单击【确定】。

步骤10　划分网格　使用默认的网格参数【整体大小】4.08mm生成【草稿】品质网格，使用【标准网格】，单击【确定】。

步骤11　运行算例　分析将顺利完成。

步骤12　图解显示合位移　在分析结果时刻（$t=4s$）图解显示【URES：合位移】。设置【单位】为 mm，【变形形状】为【真实比例】。最后的时间步长图解（图 12-11）显示了加载、卸载、反向加载、最终反向卸载之后的永久塑性结果。

图 12-10　传感器

步骤13　**预先设定顶点的图解响应**　右击【结果】文件夹并选择【定义时间历史图解】。在【Y 轴】中指定为【位移】，【零部件】设定为【UX：X 位移】，【单位】设定为mm。图 12-12 所示为分析过程中【UX：X 位移】的变化。

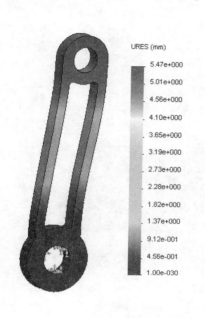

URES (mm)

5.47e+000
5.01e+000
4.56e+000
4.10e+000
3.65e+000
3.19e+000
2.73e+000
2.28e+000
1.82e+000
1.37e+000
9.12e-001
4.56e-001
1.00e-030

响应图表

File　Options　Help

非线性响应

时间(秒)

节 215

2.48001, 21.4553

图 12-11　位移结果　　　　　　　　　　图 12-12　响应图表

可以观察到，UX 位移的最大值出现在 $t=1s$ 时刻。在 $t=2s$ 时刻，当载荷为零时，位移仍然有12mm。随着在反方向增加载荷，位移会持续减小到 $t=3s$ 时刻，即反方向载荷完全加载时，UX 位移达到 $-1.5mm$。当反向载荷完全移除时（在 $t=4s$ 时刻），UX 位移固定在 5.56mm 处，这是一个永久变形，除非再添加额外的载荷。

12.4　运动硬化

现将使用运动硬化规律再次运行该算例，这通常会高估包辛格效应。

操作步骤

步骤1　**定义新算例**　将算例 Isotropic 复制到新的名为 Kinematic 的算例中。

步骤2　**更改材料属性**　打开【材料】对话框，将硬化因子更改为1，表示采用了运动硬化规律，如图 12-13 所示。

步骤3　**运行算例**　分析将顺利完成。

步骤4　**预先设定顶点的图解响应**　和算例 Isotropic 一样，在所选的【顶点1】对位移的 UX 分量定义一个响应图解，如图 12-14 所示。

183

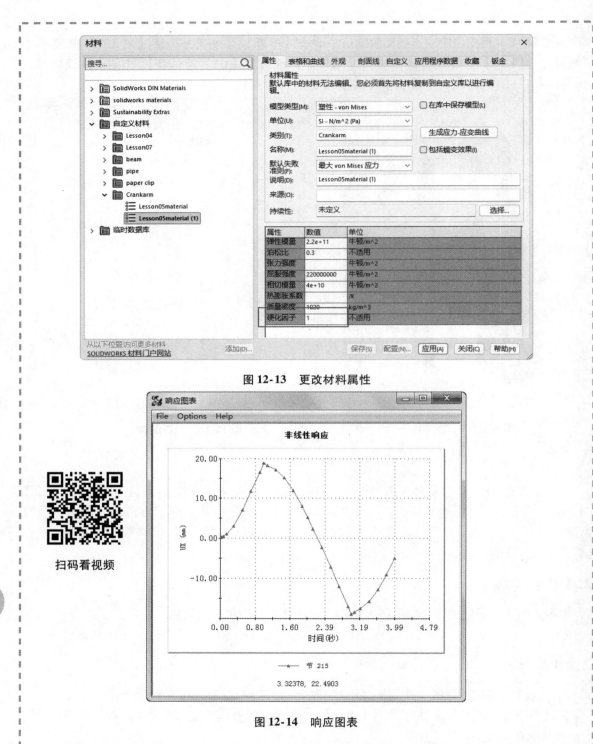

图 12-13　更改材料属性

图 12-14　响应图表

扫码看视频

12.5　讨论

　　和算例 Isotropic 的响应图表进行对比，发现在 $t = 1\text{s}$ 之前，UX 位移都是相同的。随着初始载荷的降低和反向载荷的增加，包辛格效应会造成材料在压缩时更早出现屈服，从而产生软化反

应和更大的位移。例如，在 $t=3\mathrm{s}$ 时刻，算例 Kinematic 得到的 UX 位移为 $-19.1\mathrm{mm}$；同一时刻，算例 Isotropic 得到的 UX 位移仅为 $-1.5\mathrm{mm}$。

还可以观察到 $t=2\mathrm{s}$ 时刻的差别，即初始载荷完全移除时的差别。最后，算例 Kinematic 在 $t=4\mathrm{s}$ 时刻的永久变形为 $-5.1\mathrm{mm}$，相比较而言，算例 Isotropic 中得到的值为 $5.56\mathrm{mm}$。

12.6 总结

本章使用了 von Mises 弹塑性材料模型。应力-应变曲线采用双线性曲线逼近，相切模量 ETAN 采用弹性模量的 20%。由于应用的周期载荷（只考虑一个周期）导致模型局部在拉伸和压缩方向发生屈服，必须考虑具有包辛格效应的材料硬化。这里同时比较了两种硬化规律：各向同性硬化和运动硬化。由于各向同性硬化忽略包辛格效应，因此在周期加载过程中产生了材料硬化的反应，而运动硬化通常高估了包辛格效应的影响，从而导致软化反应。真实的材料中，硬化规律是两种规律的组合，并且通过一个混合的硬化规则（$0 < \mathrm{RK} < 1$）进行描述。SOLIDWORKS Simulation 使用默认的数值 $\mathrm{RK}=0.85$。

第 13 章　弹性体分析

学习目标
- 对橡胶材料制成的模型进行分析
- 使用实验数据分析材料属性
- 对比材料模型和实验数据的结果
- 设置非线性静应力分析算例

扫码看视频

13.1　实例分析：橡胶管

本章将对一个橡胶管（图 13-1）进行一次非线性静应力分析。由于橡胶具有非线性弹性的特性，当处理不同类型的材料时，将选择不同的材料模型。本书前几章也提到，不同模型适用于不同的材料，用户需要判断并选择最合适的一个模型。

1. 项目描述

两端固定的薄壁橡胶管受到 25psi$^{\ominus}$ 的内部压力，实验数据包括三条曲线。每条曲线对应不同类型的实验，而且这些数据包含在文本文件中。本次分析的目标是确定最大位移，下面将使用不同系列的实验数据和不同数量的 Mooney-Rivlin 常数，在四次迭代中运行。

在开始学习本章之前，先来回顾一下输入数据除了 SOLIDWORKS 零件以外，还有三个文件。它们包含从三个不同类型实验中各自得到的实验结果。打开其中的一个文件，该文件包含一个两列多行的表格，其第一列代表拉伸比，而第二列代表以 Pa 为单位的应力。SOLIDWORKS Simulation 将使用这些数据，以选择最佳的 Mooney-Rivlin 常数。

图 13-1　橡胶管

2. 关键步骤

1）两常数 Mooney-Rivlin（1 材料曲线）。

2）两常数 Mooney-Rivlin（2 材料曲线）。

3）两常数 Mooney-Rivlin（3 材料曲线）。

4）六常数 Mooney-Rivlin（3 材料曲线）。

13.2　两常数 Mooney-Rivlin（1 材料曲线）

本节将通过超弹性-Mooney Rivlin 模型，使用单向拉伸实验数据来计算材料参数。

$\ominus$　压力单位 lbf/in^2，换算关系为 1lbf/in^2 = 6894.76Pa。——编者注

操作步骤

步骤1　打开零件　打开 Lesson13 \ Case Study 文件夹下的文件 Pipe。

步骤2　定义算例　在第一个算例中，将使用单轴实验数据来确定橡胶的材料属性。新建一个【非线性】算例并命名为 Uniaxial Test Data。

步骤3　定义壳体　右击 Pipe 实体并选择【按所选面定义壳体】来定义壳体，选择 Pipe 的外表面，设置【抽壳厚度】为 0.75mm，指定为【细】壳体类型，如图 13-2 所示。

步骤4　定义材料　右击【Pipe】文件夹，选择【应用/编辑材料】。定义一个名为 Uniaxial 的自定义材料，【模型类型】选为【超弹性-Mooney Rivlin】，确认【常量数】设定为 2，设置【泊松比】为 0.49，【质量密度】为 1000kg/m³，如图 13-3 所示。

选中【使用曲线数据来计算材料常量】，切换至【表格和曲线】选项卡，如图 13-4 所示。

步骤5　输入实验数据　在【类型】选项组中，选择【简单张力】。确认【单位】设定为 N/m²。从名为 uniaxial. xls 的电子表格中复制并粘贴数据，如图 13-4 所示。

依次单击【保存】、【应用】、【关闭】，保存材料属性。

图 13-2　定义壳体

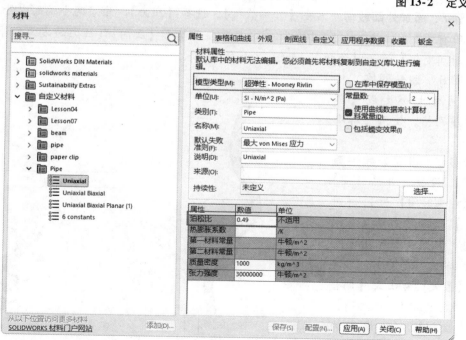

图 13-3　编辑材料

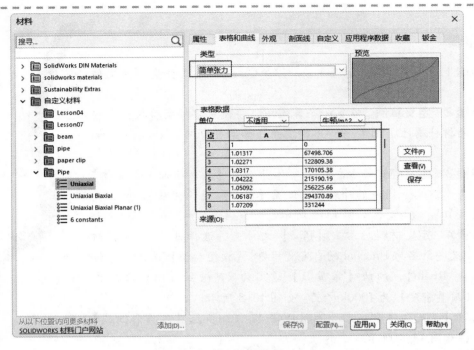

图 13-4　输入实验数据（一）

步骤6　定义约束　右击【夹具】，选择【固定几何体】。选择管子的两端圆柱面（图 13-5），然后设置约束【标准】为【固定几何体】。确认选择的是外表面，因为这是定义壳体的位置。

步骤7　添加外部载荷　右击【外部载荷】，选择【压力】。除了两个端面以外，选择模型的所有外表面。输入 $1.5 \times 10^5 \, \mathrm{N/m^2}$ 的压强值并单击【反向】（压力的方向朝外）。确认【随时间变化】选为【线性】，如图 13-6 所示。

步骤8　划分网格　使用默认网格大小生成【草稿】品质网格，使用【标准网格】。

步骤9　设置非线性算例属性　设置【开始时间】为 0，【结束时间】为 1，【时间增量】选择【自动（自动步进）】。设置【初始时间增量】为 0.01，【最小】为 1×10^{-8}，【最大】为 0.2，【调整数】为 5。单击【高级选项】，确认【控制】方法设定为【力】，【迭代方法】为【NR（牛顿拉夫森）】。

图 13-5　定义约束

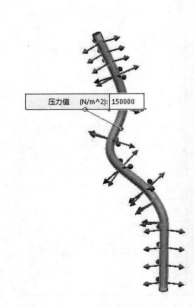

图 13-6　添加外部载荷

步骤 10 运行算例 一般不会超过 1min 即可完成计算。

步骤 11 查看结果 对最后一个时间步长图解显示位移量并留意最大位移 (2.25mm)，如图 13-7 所示。

步骤 12 检查材料模型 在 Windows 资源管理器中，根据保存结果路径找到文件 Pipe-Uniaxial Test Data. LAG 和 Pipe-Uniaxial Test Data. PLT。两个文件都是 ASCII 文本文件，包含了所有需要的材料模型数据。在记事本或写字板中打开这两个文件并查看它们的内容。*. LAG 文件中包含计算使用的 Mooney-Rivlin 常数，如图 13-8 所示。

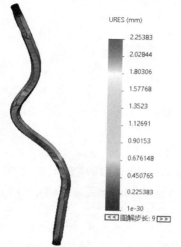

图 13-7 位移结果 (一)

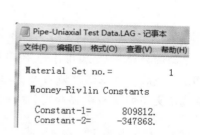

图 13-8 *. LAG 文件内容

> **提示** 材料的常数也显示在解算器信息中，右击【结果】文件夹并选择【解算器信息】即可查看。

*. PLT 文件包含一个表格，对比了使用这个材料模型计算得到的压力值，和在不同拉伸比下实验数据输入到 SOLIDWORKS Simulation 的压力值，如图 13-9 所示。

```
Pipe-Uniaxial Test Data.PLT - 记事本
文件(F)  编辑(E)  格式(O)  查看(V)  帮助(H)
          107         2    strain    stress-1   stress-2

   1.00000000000000     0.000000000000000E+000   0.000000000000000E+000
   1.01317298412323        67498.7031250000         36391.2679262307
   1.02270603179932       122809.382812500          62575.5635400739
   1.03169798851013       170105.375000000          87155.3715721071
   1.04222095012665       215190.187500000         115772.884376082
   1.05092394351959       256225.656250000         139319.964663355
   1.06187200546265       294370.875000000         168784.948032011
   1.07209002971649       331244.000000000         196127.383696230
   1.08217799663544       365952.937500000         222972.164082478
   1.09222996234894       398579.687500000         249573.338928721
   1.10361397266388       429224.281250000         279521.834215678
   1.11387395858765       460191.906250000         306352.163832170
   1.12320005893707       488867.343750000         330608.472445187
   1.13524305820465       516581.656250000         361746.600966245
   1.14703702926636       543604.937500000         392040.829853963
   1.15821897983551       570659.250000000         420581.989820546
   1.16907894611359       596349.437500000         448134.400874809
   1.17925500869751       620404.437500000         473804.057961300
   1.19045603275299       643892.437500000         501895.992533283
   1.20140004158020       667478.437500000         529180.146562351
```

图 13-9 *. PLT 文件内容

表格的第一列给出了输入到程序中的拉伸比，第二列给出了对应的压力值（单位为 N/m²），表头为 Theory 的第三列列出了使用 Mooney-Rivlin 常数计算得到的压力值。

> 提示　第一列的表头表示为 strain，实际上是拉伸比。*.PLT 文件中的压力值以 SI 单位（N/m²）表示，如图 13-10 所示。

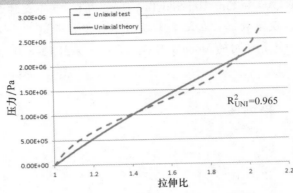

图 13-10　数据对比图（一）

在上面的步骤中，只用了单轴实验数据和 Mooney-Rivlin 材料模型的两个常数。查看 *.PLT 文件后可以很清楚地看到实验数据和理论压力值之间的差别还是很大的。因此，有必要使用更多的实验数据和更精细的材料模型来运行这些计算。

判定系数　判定系数 R^2 是一个能给出一个变量的方差（波动）比例的统计变量，该变量可从另一个变量预测。它允许用户确定如何从一个特定的模型/图进行预测。它假设值从 0（完全不适合）到 1（理想适合）。除了仅仅在视觉上检查曲线拟合外，还可以评估判定系数 R^2，并将其包括在最终报告中。

13.3　两常数 Mooney-Rivlin（2 材料曲线）

现在使用双向拉伸实验数据和 Mooney-Rivlin 材料模型的两个常数，重复上面的分析。

步骤 13　定义新算例　复制之前的算例并生成一个新的算例，命名为 Uniaxial Biaxial Test Data。

步骤 14　修改材料属性　右击【Pipe】，选择【应用/编辑材料】。将 Uniaxial 材料复制到一个新的材料中并命名为 Uniaxial Biaxial。现在将从双向拉伸实验中添加实验数据。单击【表格和曲线】选项卡，在【类型】选项组中，选择【双轴性张力】，确认【单位】设定为 N/m²。从名为 Biaxial. xls 的电子表格中复制并粘贴数据，如图 13-11 所示。依次单击【保存】、【应用】、【关闭】，保存材料属性。

步骤 15　运行算例

步骤 16　图解显示位移　注意，最大位移为 0.584mm，可以和之前算例得到的位移量 2.254mm 进行比较，如图 13-12 所示。

步骤 17　检查材料模型　再一次按照步骤 12 的方法检查当前模型。将使用 Mooney-Rivlin 常数计算得到的应力和在【材料】对话框中输入的实验数据得到的压力进行对比，如图 13-13 所示。

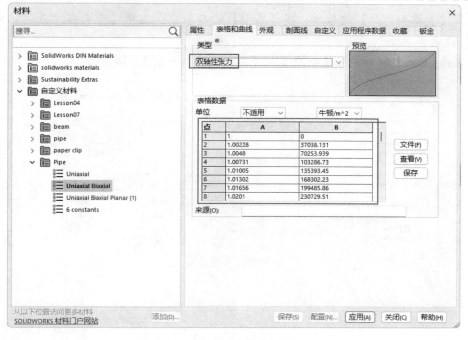

图 13-11 输入实验数据（二）

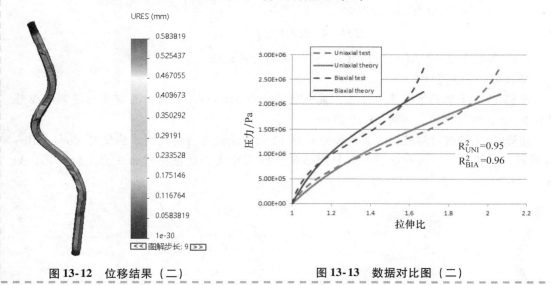

图 13-12 位移结果（二）　　　　　图 13-13 数据对比图（二）

13.4 两常数 Mooney-Rivlin（3 材料曲线）

下面使用全部实验数据和 Mooney-Rivlin 材料模型的两个常数，重复上面的分析。

步骤 18 定义新算例 复制之前的算例并新建一个新的算例，命名为 Uniaxial Biaxial Planar Data。

步骤 19 修改材料属性 右击【Pipe】，选择【应用/编辑材料】。将 Uniaxial Biaxial 材料复制到新材料中并命名为 Uniaxial Biaxial Planar。现在将从平面拉伸实验中添加实验数据。

单击【表格和曲线】选项卡，在【类型】选项组中，选择【平面张力或纯抗剪力】，【单位】设定为 N/m^2。

从名为 planar. xls 的电子表格中复制并粘贴数据，如图 13-14 所示。

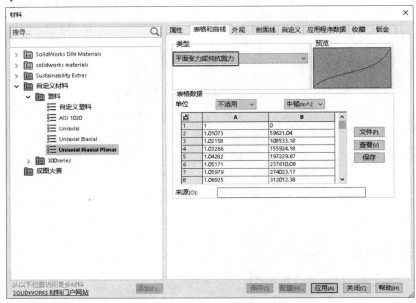

图 13-14　输入实验数据（三）

依次单击【保存】、【应用】、【关闭】，保存材料属性。

步骤 20　运行算例

步骤 21　图解显示位移　注意，最大位移为 0.578mm，可以和之前算例得到的位移量 0.584mm 进行比较，如图 13-15 所示。

步骤 22　检查材料模型　再次按照步骤 12 的方法检查当前模型。将使用 Mooney-Rivlin 常数计算得到的压力和在【材料】对话框中输入的实验数据得到的压力进行对比，如图 13-16 所示。

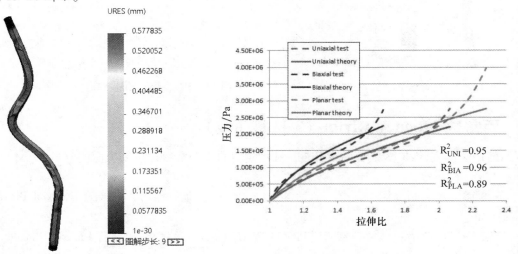

图 13-15　位移结果（三）　　　　图 13-16　数据对比图（三）

13.5　六常数 Mooney-Rivlin（3 材料曲线）

对使用实验数据和 Mooney-Rivlin 材料模型的两个常数得到的压力进行对比后发现，它们之间的差别是很大的。下面使用 Mooney-Rivlin 材料模型的 6 个常数来重复之前的分析。

步骤23　新建新算例　复制之前的算例，命名为 6 constants，编辑材料属性，将材料的常量数从 2 修改到 6，如图 13-17 所示。

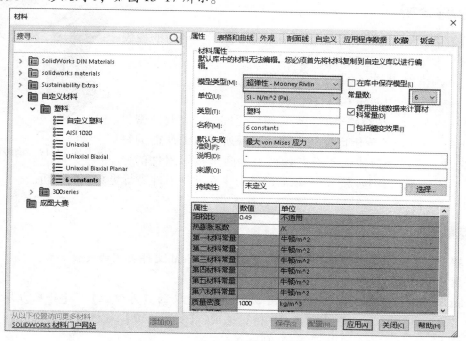

图 13-17　输入实验数据（四）

步骤24　运行算例并比较结果　图解显示位移，确认最大位移达到收敛。可以观察到最大位移上升到 0.62mm。此外，查看对应的 *.PLT 文件，比较使用 Mooney-Rivlin 材料模型的 6 个常数和实验数据计算得到的应力结果。可以看到，计算得到的压力-拉伸比曲线和实验数据非常接近，如图 13-18 所示。

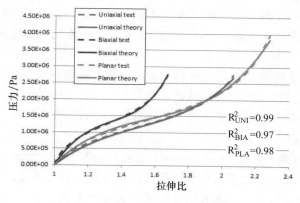

图 13-18　数据对比图（四）

13.6　总结

为了准确地描述超弹性材料的性能，本章生成了多条压力-拉伸比曲线并输入到 SOLID-WORKS Simulation 材料中。一般而言，表格类型通常采用简单张力、双轴性张力、平面张力或纯抗剪力曲线。材料模型中采用更多的常数会得到更精确的曲线匹配结果。注意，也可以从制造商处获得材料常数的数值。

练习　密封分析

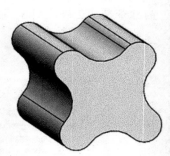

图 13-19　橡胶垫圈

在本练习中，将模拟设计用于在两个组件之间形成密封的橡胶垫圈的压缩。本练习将应用以下技术：

- Mooney-Rivlin 模型（M-R）
- 6 常数 Mooney-Rivlin（3 材料曲线）

如图 13-19 所示，长橡胶垫圈在两个组件之间形成密封。密封件将垫圈压缩 35mm。该分析旨在初步估计实现所需压缩所需的每单位长度的力，这就是为什么使用夹具来表示两个接触组件的原因。在下一章中，将介绍接触，以在以后的练习中对此密封件进行更真实的分析。

操作步骤

步骤1　打开零件　打开 Lesson13 \ Exercises \ Seal 文件夹下的文件 Seal。

步骤2　激活 Symmetry 配置

步骤3　定义 2D 算例　创建【使用 2D 简化】定义的【非线性】/【静应力分析】算例，命名为 sealed gasket。指定以下 2D 简化选项：【算例类型】选择【平面应力】；【剖切面】选择 Front；【剖面深度】设置为 300mm。

步骤4　定义材料　将 Seal 实体应用名为 Exercise 的新自定义材料。按下列参数设置材料属性：【模型类型】为【超弹性-Mooney Rivlin】；【泊松比】为 0.49；【质量密度】为 1020kg/m³；【常量数】为 6；选中【使用曲线数据来计算材料常量】；在【表格和曲线】选项卡中使用练习文件目录下的表格，即【简单张力】使用 uniaxial.xls 表格，【双轴性张力】使用 biaxial.xls 表格，【平面张力或纯抗剪力】使用 planar.xls 表格。

步骤5　定义对称夹具　在中间边线上定义对称夹具，如图 13-20 所示。

步骤6　定义固定约束　在三个底部边缘上定义【使用参考几何体】夹具，如图 13-21 所示，以仅限制垂直平移。

步骤7　定义移动约束　定义【使用参考几何体】夹具，将三个顶边向下压缩 35mm，如图 13-22 所示，注意不要限制水平移动。

步骤8　划分网格　指定【基于曲率的网格】和 2mm 单元大小。

步骤9　运行算例

步骤10　位移结果　双击 Displacement1 图表，如图 13-23 所示，并注意以下分析：

刚性夹具在夹具边缘创建了一个球状区域。由于允许水平移动，最大位移大于 35mm。夹具在垂直方向保持其形状，这点表明了使用夹具的重要性。

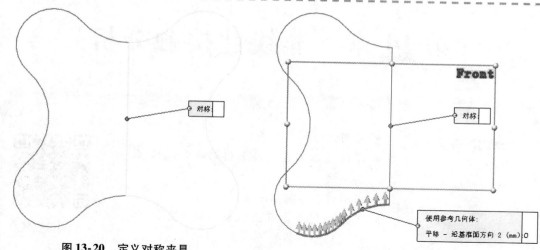

图 13-20   定义对称夹具

图 13-21   定义固定约束

步骤 11   压缩力   单击【列举合力】，确定将垫圈压缩 35mm 所需的力。

步骤 12   保存并关闭文件

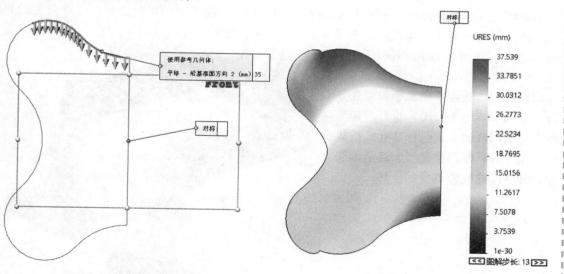

图 13-22   定义移动约束

图 13-23   位移结果

195

第 14 章　非线性接触分析

学习目标

- 应用无穿透交互条件
- 了解接触不稳定性如何影响非线性静态系统
- 探索解决接触不稳定的方法
- 了解为何在尝试获取静态解决方案时使用动态分析会产生不良结果

扫码看视频

14.1　实例分析：橡胶管

本章将对一个橡胶管进行一次非线性分析，如图 14-1 所示。分析包含所有三种类型的非线性：几何、材料和接触。当求解这些类型的问题时，将练习使用不同的稳定方法。

项目描述　橡胶管在水平和竖直方向分别受到 1100N 和 250N 的力，管子会滑向金属挡料销，该凸台具有抵抗载荷的作用。分析的目标是当加载全部载荷时，计算出橡胶管本身的位移。

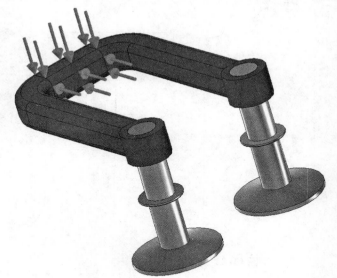

图 14-1　橡胶管模型

操作步骤

步骤 1　打开装配体　从 Lesson14 \ Case Study 文件夹下打开装配体 Interaction。

步骤 2　更改为对称配置　根据几何体、载荷和约束，用户可以在分析中利用对称来简化模型。在 ConfigurationManager 中激活 Symmetry 配置，如图 14-2 所示。

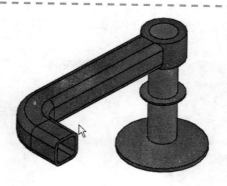

图 14-2　更改为对称配置

步骤 3　定义算例　新建一个算例并命名为 Sliding Interaction，分析【类型】选择为【非线性】。

步骤 4　编辑材料属性　使用两常数 Mooney-Rivlin 超弹性模型模拟橡胶管材料。在【材料】对话框中，复制橡胶材料到自定义材料库中。在【属性】选项卡中，选择【超弹性-Mooney Rivlin】作为【模型类型】。设置【单位】为 N/mm²（MPa）。在【名称】中输入 M-R Rubber。输入下列材料常数：【泊松比】为 0.499，【第一材料常量】为 1.2N/mm²，【第二材料常量】为 0.069N/mm²。单击【保存】，保存橡胶材料常数，如图 14-3 所示。单击【应用】和【关闭】。

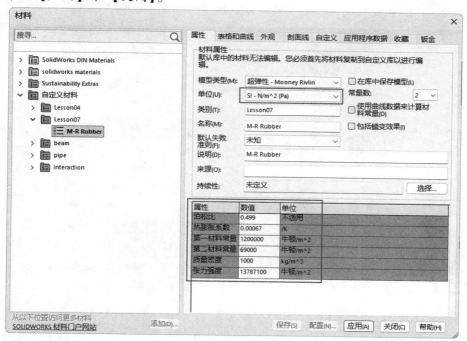

图 14-3　编辑材料属性

步骤 5　编辑金属销钉材料　确认铝合金（默认情况下以线弹性材料建模）材料从 SOLIDWORKS 传递过来。

步骤 6　对金属销钉添加夹具　对金属销钉底座添加一个【固定几何体】夹具，如图 14-4 所示。将该夹具重命名为 Immovable pin。

步骤7 添加对称约束 对橡胶管的切割面添加一个【对称】夹具，如图 14-5 所示。将该夹具重命名为 Symmetry。

图 14-4 对金属销钉添加夹具

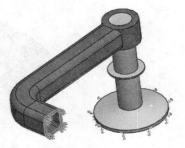

图 14-5 添加对称约束

步骤8 添加水平方向作用力 添加大小为 550N（全部载荷的一半）的【法向】力到图 14-6 所示的表面。在【随时间变化】选项组中，选择【线性】，如图 14-7 所示。

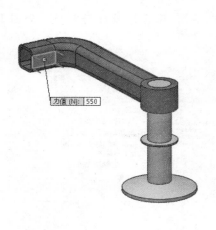

图 14-6 添加水平方向作用力

图 14-7 选择线性

将力重命名为 Horizontal force。

步骤9 添加竖直方向作用力 和之前的定义相同，添加一个大小为 125N（图 14-8）的竖直向下（Y 方向的反方向）的作用力。再一次使用【线性】的【随时间变化】的载荷，如图 14-9 所示。将力重命名为 Vertical force。

连结 涉及多个物体的研究需要通过连结来体现交互性（即定义连接物体之间的关系）。有些连结是线性的，而有些则是非线性的。SOLIDWORKS 模拟将连结分为本地交互和零部件交互。本地交互定义相连的实体之间的关系，而零部件交互则表示实体之间的隐式关系。

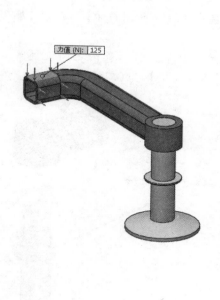

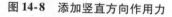

图 14-8　添加竖直方向作用力

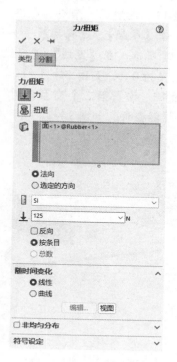

图 14-9　选择线性

接触　SOLIDWORKS Simulation 支持非线性算例中的以下交互作用：相触、接合、空闲、冷缩配合。

> ⚠️ **注意**　相触和冷缩配合本质上是非线性的，因为当两个实体相连、滑动或分离时，结构对载荷的响应会发生变化。

接头　SOLIDWORKS Simulation 支持非线性算例中的以下交互作用：弹簧、销钉、螺栓、链接、刚性连接、连杆。

步骤 10　使用爆炸视图　使用爆炸视图，以方便定义接触条件，如图 14-10 所示。

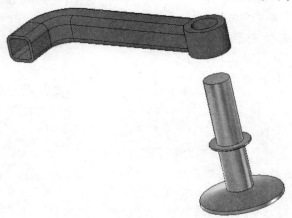

图 14-10　爆炸视图

199

步骤 11　设置第一个交互条件　右击【连结】并选择【本地交互】，在【类型】选项组中选择【相触】。选择橡胶管内侧圆柱面为【组1】，对应的金属销钉面为【组2】，如图 14-11 所示。在【高级】选项组中，选择接触类型为【曲面到曲面】。选中【摩擦系数】并设置为 0.1，如图 14-11 所示。单击【确定】。

步骤 12　设置第二个交互条件　在橡胶管底面和金属挡料销表面之间设置第二个【相触】接触条件，如图 14-12 所示。再一次指定【摩擦系数】为 0.1。

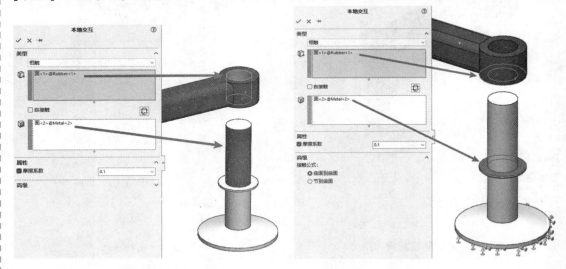

图 14-11　设置第一个交互条件　　　　图 14-12　设置第二个交互条件

> ⚠️ **注意**　由于两个组件之间的交互很重要，因此要将网格控制应用于定义了接触的 4 个面。

步骤 13　应用网格控制　在接触区域细化网格。使用局部【单元大小】4.5mm 和【比率】1.4，对接触橡胶的两个金属面应用网格控制。使用局部【单元大小】3.5mm 和【比率】1.4，对接触金属的两个橡胶面应用网格控制。

步骤 14　设置零部件交互　右击【连结】并选择【零部件交互】，在【交互类型】选项组中，选择【空闲】，选中【全局交互】，如图 14-13 所示。

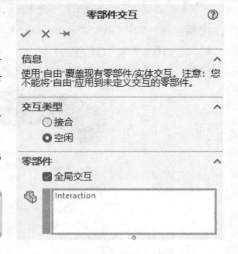

图 14-13　设置零部件交互

> ⚠️ **注意**　压缩全局接触并将其设置为【空闲】会产生类似的结果。

步骤 15　划分网格　使用【基于曲率的网格】，使用【草稿】品质网格。

步骤 16　设置非线性算例的属性　设置【调整数】为 10，保存所有其他参数为默认数值。确认选中【使用大型位移公式】和【计算自由实体力】。

步骤 17　设置高级选项　单击【高级选项】，确认选择了【力】控制方法和【NR（牛顿拉夫森）】迭代方法，单击【确定】保存设置。

步骤 18　取消爆炸视图

步骤 19　运行算例　计算求解的过程非常漫长，而且可能会显示各种【警告】信息，提示非分散缝隙和刚度奇异，导致解算器不断降低时间步长，如图 14-14 所示。这个分析最终会失败。

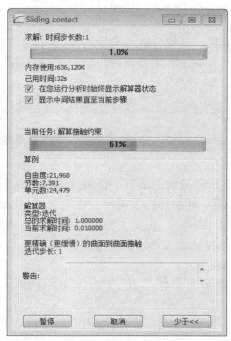

图 14-14　分析进度窗

提示　也许要等很长时间分析才会报错，等一段时间后可以退出求解。

14.2　接触的不稳定性

该分析过程由于其固有的不稳定性而失败。随着载荷的增加，当橡胶管从金属销钉上滑下时，结构的响应会迅速变化。在前面的课程中，我们探讨了解决非线性不稳定性的控制技术。这些控制技术可以很好地解决大位移和与材料相关的非线性不稳定性，但通常无法解决接触引起的不稳定性。接下来将探讨为什么会发生这种情况。

当然，静态研究只能解决静态问题。非线性静态算例需要一条连续路径，将载荷与平衡响应相关联（伪时间驱动路径上的位置）。由于路径是连续的，因此每个载荷都存在结构响应。同样，每个结构响应都对应载荷。

当两个接触稳定的实体分离时，负载或响应路径会失去连续性（即在结构达到新的平衡状态之前，不存在形成结构分离后响应的静态载荷）。现在必须消除接触的不稳定性，以使用非线性静态方法解决这个问题。

1. 稳定性控制

必须移除或控制滑动接触以稳定结构，然后才能解决本研究。有几种潜在的选择来获得最终

201

解决方案，下面重点介绍：

选项 1：定义保持稳定接触的新加载路径。

解决方案 A：修改力曲线并指定垂直方向的载荷首先起作用，允许橡胶部件在增加水平载荷之前向下滑动。

解决方案 B：使用规定的位移载荷（高级夹具）控制橡胶部件的下滑。但是，此方案可能会过度约束模型。为避免过度约束系统，载荷应保持停用状态，同时规定的位移载荷将橡胶部件移动到销钉的挡块的位置。然后，曲线应在载荷启动之前停用规定的位移载荷（第 9 章中介绍了此解决方案）。

选项 2：修改模型的几何形状，以便分析从稳定的位置开始。

选项 3：放弃静态解决方案。动态解决方案可以沿当前加载路径提供中间结果，但也需要适当的预处理输入值才能获得可靠的结果。

 提示 为避免失败，请先考虑最直接的解决方案，在本例中应该是选项 2。

 注意 事先定义了名为 Symmetry Stable 的配置，该配置将橡胶部件定位在销钉的停止处。

步骤 20　创建具有稳定几何形状的算例　使用【复制算例】将 Sliding Interaction 算例复制到新的【非线性】/【静应力分析】算例中。在要使用的配置下指定 Symmetry Stable。在【算例名称】下输入 Stable Model。单击【确定】。

步骤 21　验证预处理输入　激活 Symmetry Stable 配置。验证所有预处理输入是否正确来自于 Sliding Interaction 算例。

注意 由于几何体更改，之前划分的网格将失效，这是正常的。

步骤 22　运行算例

注意 该算例使用先前指定的设置创建网格，然后大约 5min 完成，不会报错。

步骤 23　位移结果　双击 Displacement1 图表并将【时间】设置为 1s。如图 14-15 所示，最大位移约为 135mm。

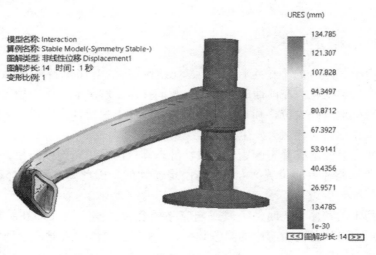

图 14-15　位移结果

2. 探索和比较解决方案

下面将通过验证选项 1（解决方案 B）来研究加载路径如何影响最终解决方案。这种方法需要使用一个夹具将橡胶管向下移动 66.04mm，使它靠近销钉的挡块，然后伪时间曲线使夹具停用并启动载荷。

> **步骤24 定义新的受控滑动算例** 使用【复制算例】将 Sliding Interaction 算例复制到新的【非线性】/【静应力分析】算例中。在【配置】下指定 Symmetry。在【算例名称】下输入 Controlled Sliding Interaction。单击【确定】。
>
> **步骤25 对橡胶管上的特定顶点给定竖直位移** 添加一个新的夹具，在【高级】选项组中，选择【使用参考几何体】，选择指定的顶点，如图 14-16 所示。可以控制该位置的竖直位移，因为可以判断其最终的竖直位移大约的数值，也就是说，分析完成时这个顶点会落在金属挡料销上。选择橡胶管的底面作为参考。在【垂直于基准面】的方向设定 66.04mm 的平移，如图 14-17 所示。
>
> 在【随时间变化】选项组下，选择【曲线】，单击【编辑】并输入如下数据：（0，0），（0.1，1），（0.11，关闭），（1，关闭），如图 14-18 所示。

> ⚠️ **注意**　在随时间变化的曲线上关闭设置将禁用规定的约束，将此位移约束重命名为 Stabilization-vertex。相应地，两个力将被调整为仅当已经去除稳定约束时才开始作用。

> **步骤26 编辑水平和垂直力** 编辑其他两个力并将其相应的时间曲线更改为以下内容：（0，0），（0.1，0），（1，1）。

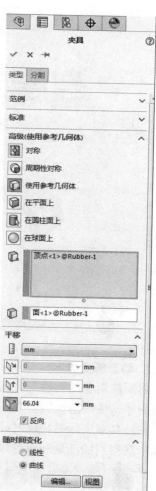

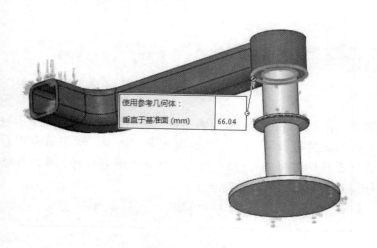

图 14-16　指定顶点

图 14-17　添加夹具

步骤27　重新运行算例

步骤28　查看位移图解　在【结果】文件夹下，对分析的最后时刻（$t = 1s$）定义一个【URES：合位移】图解。确认【变形形状】中的【变形比例】设定为【真实比例】。可以观察到，在给定力的作用下，橡胶管的最大合位移为 196.8mm，如图 14-19 所示。

还观察到，坚硬的金属销钉几乎没有出现任何变形。

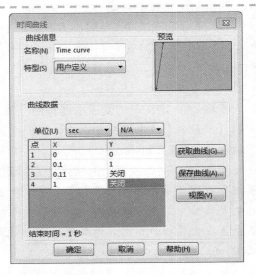

图 14-18　随时间变化曲线

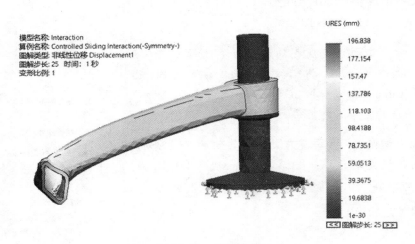

图 14-19　位移结果

　两个算例的位移结果差异是由于橡胶管初始位置的不同而造成的。

3. 动态解决方案

前面使用非线性静态方法求解了结构的最终加载响应，而不是完整加载路径，突出了接触不稳定的非线性动态性质。求解完整的加载路径需要一个动态解决方案。然而，动态研究更为复杂，并且具有实际的物理时间输入（不是伪时间）。下面重点介绍在寻求静态解时，非线性动态研究中观察到的动量和阻尼效应如何对结果产生负面影响。

提示　下一部分是可选的。如果用户决定操作以下步骤，求解过程大约需要 30min。

步骤29　定义动态算例（可选）　使用【复制算例】将 Sliding Interaction 算例复制到新的【非线性】/【动态】算例中。使用 Symmetry 配置。在【算例名称】下输入 Dynamic。单击【确定】。

204

⚠️ **注意**　本研究忽略阻尼，保留非线性算例中的所有加载时间曲线。

步骤30　运行动态算例　此过程至少需要 30min。

步骤31　位移结果　双击 Displacement1 图表并将【时间】设置为 1s。如图 14-20 所示，最大位移约为 202mm。

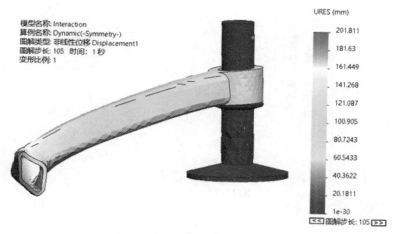

图 14-20　位移结果

⚠️ **注意**　本算例中的位移略大，试探讨一下原因。

步骤32　探测响应　单击【探测】，然后在模型上选择具有高位移值的位置，如图 14-21 所示。

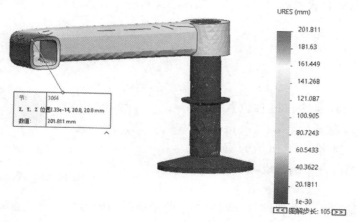

图 14-21　探测响应

单击【响应】🖼️，显示响应图表，如图 14-22 所示。

图 14-22 显示了系统内的无阻尼振动。时间、阻尼和动量的动态效应不会产生静态响应。

步骤33　保存并关闭文件

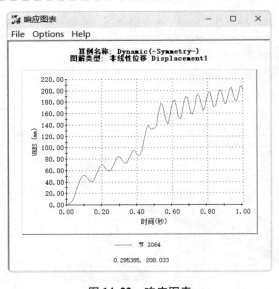

图 14-22　响应图表

14.3　总结

在本章中，学习了如何分析非线性接触，发现了为什么非线性接触中的不稳定性通常是动态的，探讨了稳定接触的技术，并创建了一个动态算例，突出了非线性静态和动态研究结果之间的差异。

练习 14-1　减速器

在本练习中，将对包含初始接触条件的减速器运行一个非线性仿真，如图 14-23 所示。本练习将应用以下技术：

- 非线性分析-力控制
- 非线性接触分析

1. 项目描述

图 14-24 所示的减速器在接触位置存在初始干涉，因此在齿轮开始转动之前链条就存在预应力，图 14-24 给出了初始的应力场分布。所有零部件都由合金钢制成。

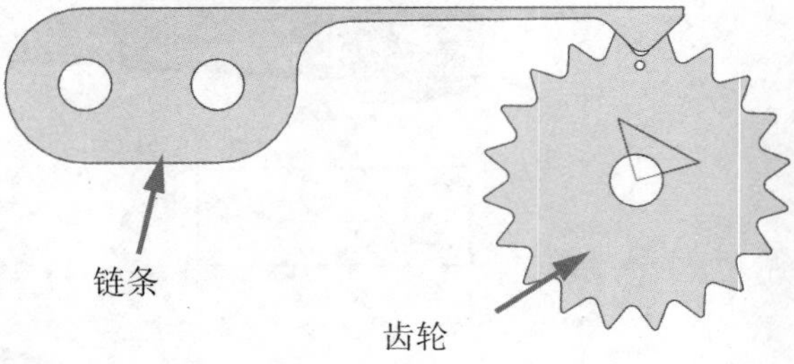

链条

齿轮

图 14-23　减速器

2. 加载条件

为了模拟链条端部从一个凹槽移动到另一个凹槽所受的应力，预定义齿轮产生沿顺时针方向转动 0.3rad 的位移。

3. 目标

运行必要的非线性仿真，计算齿轮转动 0.3rad 时两个零部件的应力。用于练习的装配体文件 Gear Assy 位于 Lesson 14 \ Exercises 文件夹中。

练习 14-2　密封装配

本练习在第 13 章练习的基础上进一步分析，如图 14-25 所示。在前面的分析中，使用夹具来表示压缩垫圈的接触面。该分析明确地对压板和侧壁进行建模，以求解垫片对压缩载荷的响

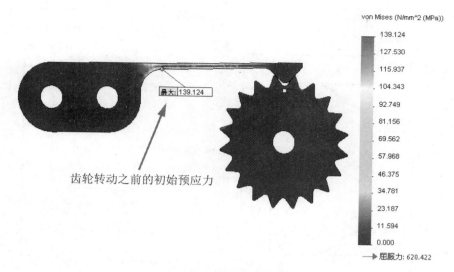

图 14-24　应力场分布

应。本练习将应用以下技术：

- 非线性分析-力控制
- 6 常数 Mooney-Rivlin（3 材料曲线）
- 非线性相互作用分析

长橡胶垫圈在两对压板之间形成密封。顶板将垫片压缩35mm。底部压板和两个侧壁包含变形时的垫圈。垫圈使用第 13 章练习中使用的材料。

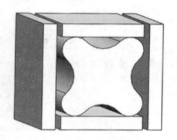

图 14-25　密封装配体

操作步骤

步骤1　打开装配体　从 Lesson14 \ Exercises \ Seal Assy 文件夹打开 Seal assembly。

步骤2　激活 Symmetry 配置

步骤3　定义 2D 算例　创建名为 sealed gasket assembly 的【使用 2D 简化】定义的【非线性】/【静应力分析】算例。指定以下 2D 简化选项：【算例类型】为【平面应力】，【剖切面】为 Front，【剖面深度】为300mm。

步骤4　定义材料　将合金钢应用于压板。将第 13 章练习步骤4 中创建的 Exercise 材料应用于垫圈。指定【常量数】为 6 并选中【使用曲线数据来计算材料常量】。

步骤5　定义对称夹具　在三个中心边应用【对称】夹具，如图 14-26 所示。

步骤6　定义约束　在侧边和底部压板外边缘应用【固定几何体】夹具，如图 14-27 所示。

步骤7　约束运动　将【使用参考几何体】夹具应用到顶板的外边缘，并指定 0mm 的水平平移和 35mm 的垂直平移，如图 14-28 所示。确保垂直方向的平移运动能够产生压缩。

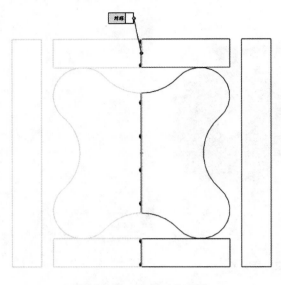

图 14-26　定义对称夹具

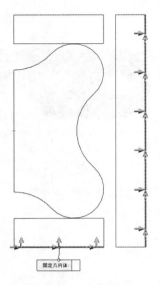

图 14-27　定义约束

步骤8　定义连结　定义垫圈（组1）和压板（组2）之间的局部接触。再创建两个局部接触（每个压板体一个），如图 14-29 所示。

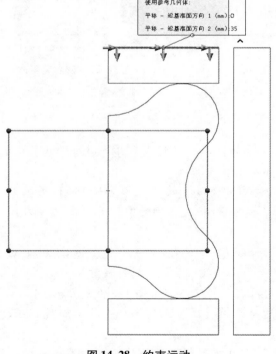

图 14-28　约束运动

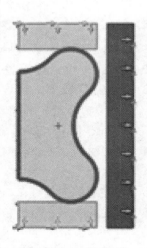

图 14-29　局部接触

步骤9　划分网格　指定【基于曲率的网格】和 2mm 的单元大小。

步骤10　运行算例

步骤 11　位移结果　双击 Displacement1 图表，位移结果如图 14-30 所示。将结果与第 13 章练习中的位移结果进行比较。

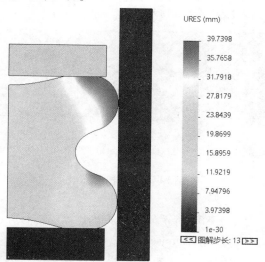

图 14-30　位移结果

步骤 12　比较压缩力　单击【列举合力】。使用【接触/摩擦力】选项确定将垫片压缩 35mm 所需的力。计算每单位长度的力以压缩整个垫片 35mm。试对两项研究进行比较。

练习 14-3　密封容器

在此练习中，将用图 14-31 所示的密封容器，使用 2D 分析来模拟接触、大位移和材料非线性，然后快速测试其他几种设计组合，以找到最佳设计方案。本练习将应用以下技术：

- 非线性分析-力控制
- 6 常数 Mooney-Rivlin（3 材料曲线）
- 非线性相互作用分析

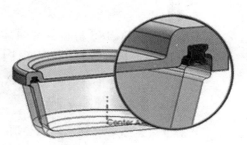

图 14-31　密封容器

聚乙烯盖扣在玻璃碗密封上，靠橡胶垫圈密封，橡胶垫圈的压缩位移为 1.4mm。在设计固定此容器的扣子之前，请分析几种垫圈/盖子设计组合产生的密封力（易用性）和应力（产品寿命）。

操作步骤

步骤 1　打开零件　从 Lesson14 \ Exercises \ Container 文件夹打开 container_seal。该模型包含三种配置，每种配置都有独特的垫圈/盖子设计，如图 14-32 所示。在剖面视图处于活动状态的情况下观察和比较三种设计。

步骤 2　为 Original Design 配置定义 2D 算例　在 Original Design 配置处于活动状态的

情况下，创建名为 Original Design 的【使用 2D 简化】的【非线性】/【静应力分析】算例。指定以下 2D 简化选项：【算例类型】为【轴对称】；【剖切面】为 Front；【对称轴】使用 Center Axis，然后选中【使用另一边】。

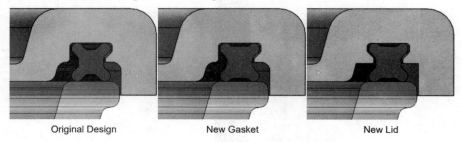

Original Design   New Gasket   New Lid

图 14-32　三种配置

步骤 3　定义材料　为图 14-33 所示的每个实体选择以下材料：

垫圈：使用第 13 章练习中的 Exercise 材料，【模型类型】为【超弹性-Mooney Rivlin】，选中【使用曲线数据来计算材料常量】，【常量数】为 6。

 提示　在产品寿命分析中会排除此实体。

盖子：SOLIDWORKS 材料自带的塑料【非常高密度 PE】，【模型类型】为【线性弹性各向同性】。

提示　根据屈服强度值分析此材料。

碗：SOLIDWORKS 材料自带的其他非金属【玻璃】，【模型类型】为【线性弹性各向同性】。

注意　失效准则为 Mohr-Coulomb 应力（使用安全系数图分析）。

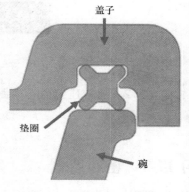

盖子

垫圈

碗

图 14-33　实体和对应的名称

步骤 4　连结与接触　定义垫圈（组 1）和盖子（组 2）之间的局部接触，定义垫圈（组 1）和碗（组 2）之间的第二个局部接触，如图 14-34 所示。

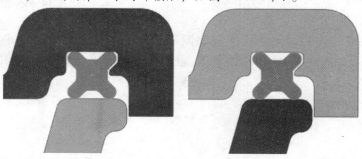

图 14-34　局部接触

 提示　在进行选择时指定整个面（实体），以便在使用带有 2D 模拟的复制算例时轻松传递此分析特征。

步骤5　**定义夹具**　在碗底部边缘添加【固定几何体】夹具。定义盖子顶部边缘的规定位移载荷，并指定向下移动 1.4mm，如图 14-35 所示。

步骤6　**网格设置**　右击【网格】应用两个网格控制，如图 14-36 所示。网格控制-1：【所选实体】为垫圈，【单元大小】为 0.1mm，【比率】为 1.4。网格控制-2：【所选实体】为沿碗和盖子的所有潜在接触边缘，【单元大小】为 0.2mm，【比率】为 1.4。右击【网格】并选择【生成网格】，选择【基于曲率的网格】，【网格品质】选择【高】。

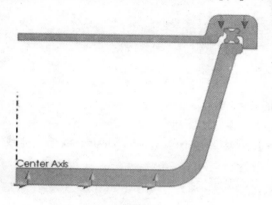

图 14-35　定义夹具

图 14-36　网格设置

步骤7　**运行算例**

步骤8　**位移结果**　对 Displacement1 图表进行动画显示以确保结构的运动行为是正确的，如图 14-37 所示。

步骤9　**密封力**　使用【列举合力】命令确定压缩垫片所需的密封力。

步骤10　**盖子的安全系数**　定义盖子的安全系数图解，如图 14-38 所示。

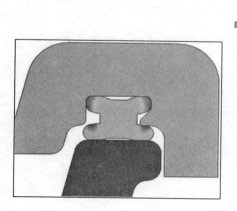

图 14-37　位移结果

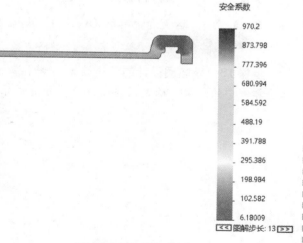

图 14-38　盖子的安全系数

安全系数

970.2
873.798
777.396
680.994
584.592
488.19
391.788
295.386
198.984
102.582
6.18009

图解步长: 13

211

步骤11　**碗的安全系数**　定义碗的安全系数图解，如图 14-39 所示。使用 Mohr-Coulomb 应力准则，用户定义的拉伸应力极限为 100N/mm^2，用户定义的压缩应力极限为 21000N/mm^2。

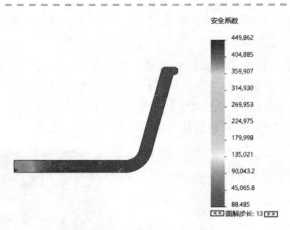

图 14-39　碗的安全系数

步骤 12　新的垫圈设计　使用【复制算例】创建名为 New Gasket Design 的新【非线性】算例，使用 New Gasket 配置。

> 提示　所有算例的属性都将转移到新算例。

步骤 13　运行新算例

步骤 14　新垫圈设计的分析结果　查看新的垫片设计的密封力和安全系数结果。

步骤 15　新盖子设计　使用【复制算例】创建名为 New Lid Design 的新非线性分析，使用 New Lid 配置。

步骤 16　编辑第二个网格控制　由于盖子的几何形状发生变化，用户将需要编辑网格控制-2，清除所有选择的实体并重新选择盖子的接触边缘。

步骤 17　再次运行新算例

> 提示　运算过程可能无法完成。如果运行失败，请分析上次保存的时间步长的结果。

步骤 18　新垫圈设计的分析结果　查看新盖子设计的密封力和安全系数结果。比较三个算例中的结果。确定最终的设计，并说明原因。

第 15 章 金 属 成 形

学习目标

- 运行弹塑性、几何非线性大型位移和大型应变静应力分析
- 使用 2D 简化模型的大小
- 定义合适的材料模型，对非线性静应力分析应用载荷、夹具和网格
- 对平面应变单元定义正确的接触条件
- 分析并纠正非线性运算中出现的错误，稳定分析并成功收敛
- 后处理结果
- 分析并质疑结果的有效性

15.1 折弯

在金属成形领域，折弯是常用的加工工艺。在电子设备小型化时代，对普通成形过程的理解必须通过尺寸效应来重新估算，也就是说，材料在小尺寸时表现有所不同。某大学机械工程系正在通过实验来研究折弯过程中的这些影响。一般而言，在设计这样的实验时，选择合适的传感器和模型几何体时采用哪种分析方法是非常重要的。本章将针对这个目的建模实验装置。

15.2 实例分析：薄板折弯

本章中将对包含所有类型的非线性模型运行分析。

1. 项目描述

有一个黄铜薄板，尺寸为 39mm×15mm×1.5mm，在冲压机构的作用下发生折弯。冲压机构使用了一个直径为 9mm 的刚硬冲头，以及一个刚硬的固定模具进行建模，模具的凹槽宽度为 15mm，深度为 18mm。分析将研究钣金在加载和卸载阶段的位移、应力和塑性变形。此外，还会研究需要多大的力来移动冲头和弯曲薄板，以便正确地设计实验装置和传感器。冲压薄板如图 15-1 所示。

为了简化模型，假定通过薄板宽度方向的张力可以被忽略。这样就可以使用平面应变单元，将三维分析简化为二维，如图 15-2 所示。

假定在室内常温和即时变形（忽略像应力松弛这样的时间相关效应）的前提下求解此问题。

2. 关键步骤

（1）使用 2D 简化 在这个分析中，将指定平面应变单元。

（2）载荷和边界条件 使用对称来简化模型，同时还将应用冲头位移。

（3）求解模型 将克服方法中的数值困难来求解问题。

（4）后处理结果 将研究结果的有效性。

图 15-1   冲压薄板

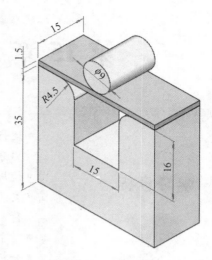

图 15-2   简化模型

操作步骤

步骤1　打开装配体　从 Lesson 15 \ Case Study 文件夹中打开文件 experimental _ setup。

步骤2　激活配置　在 ConfigurationManager 中，可以看到有多个配置存在。激活对称配置，该配置半剖模型并使用对称的约束。此外，还将使用 2D 和平面应变单元来简化模型。

步骤3　定义非线性算例　在 SOLIDWORKS Simulation 特征管理器中，新建一个【非线性】算例并命名为 bending。在【选项】中选择【静应力分析】并选中【使用 2D 简化】。

步骤4　设置平面应变　在【bending（2D 简化）】属性框中选择【平面应变】作为【算例类型】，在【剖切面】中选择 Front Plane，在【剖面深度】中输入 15mm，单击【确定】，如图 15-3 所示。

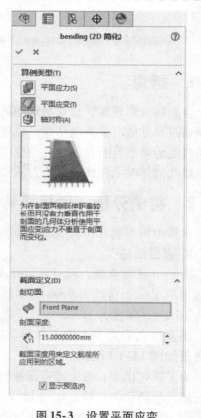

图 15-3   设置平面应变

214

15.3　平面应变

当大多数变形都发生在单一平面时，可以使用平面应变单元。通过模型宽度（垂直于平面）的应变可以假设为零。一般而言，如果模型的宽度比其他两个尺寸大很多，可以使用平面应变单元。

步骤 5 为零件 sheet 应用材料 现将指定带混合硬化规律的 von Mises 塑性模型。右击【零件】中的 sheet-1 并选择【应用/编辑材料】。在【材料】对话框中，生成一个名为 Brass SS 的新材料。在【属性】选项卡中，选择【塑性-von Mises】作为【模型类型】。设定【单位】为 N/m² (Pa)，设置【泊松比】为 0.28，【硬化因子】为 0.85。表格中不会指定【弹性模量】和【屈服强度】，因为已经提供了完整的应力-应变曲线，如图 15-4 所示。

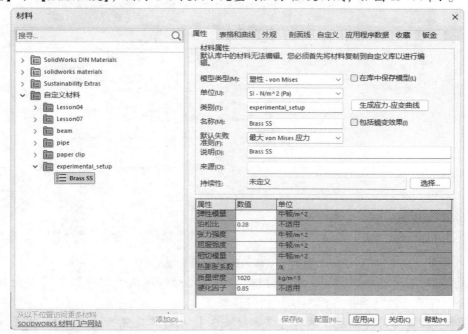

图 15-4 为零件 sheet 应用材料

提示 硬化因子为 0.85，表明使用了混合硬化规律，其中总体等效塑性应变由运动硬化（85%）和各向同性硬化（15%）分量组成。该参数的数值在卸载阶段可能会很重要。然而，只有在模型受到反复加载时，这个参数才会显得重要。

步骤 6 输入应力-应变曲线 为了正确地描绘加载过程，需要进行一系列单向拉伸试验。最终的单向应力-应变曲线如图 15-5 所示。用于定义曲线的数据资料存放在 Lesson 15 路径下。

在【材料】对话框中，单击【表格和曲线】选项卡，选择【类型】选项组中的【应力应变曲线】，确认应力的【单位】设定为 N/mm²。

表格中的第一个点必须是初始屈服点，打开 Lesson 15 \ Case Study 文件夹下的文件 Brass-uniaxial stress-strain curve. xls 并复制其中的数据。最终的曲线会显示在【预览】窗口中，如图 15-6 所示。

单击【保存】和【应用】，保存材料的定义。

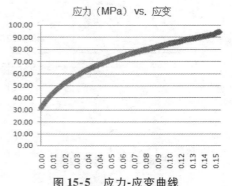

图 15-5 应力-应变曲线

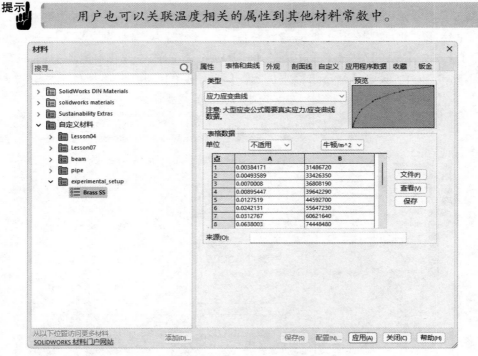

图 15-6   输入应力-应变曲线

步骤7   对零件 punch 和 die 应用材料   对 punch 和 die 两个零件指定【合金钢】材料，确认使用了【线性弹性各向同性】材料模型。

步骤8   设置零部件交互   编辑【零部件交互】并将其设置为【空闲】，下面将手动定义此模型中的本地交互。

步骤9   设置相触面组（一）   在仿真树中右击【连结】并选择【本地交互】，指定【类型】为【相触】，选择 punch 的底边为【组1】，选择 sheet 的顶边为【组2】，如图 15-7 所示。在【高级】选项组中，选择【曲面到曲面】，如图 15-8 所示。单击【确定】。

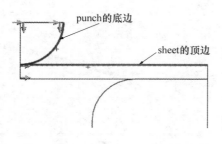

图 15-7   选择边线

图 15-8   设置相触面组（一）

步骤10 设置相触面组（二） 在仿真树中右击【连结】并选择【本地交互】。指定【类型】为【相触】，如图 15-9 所示。选择 die 的三条可能与 sheet 接触的边为【组 1】，选择 sheet 的底边为【组 2】，如图 15-10 所示。在【高级】选项组中，选择【曲面到曲面】，单击【确定】。

图 15-9 设置相触面组（二）

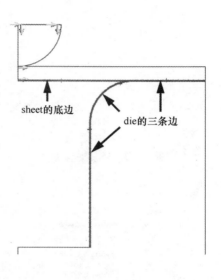

图 15-10 选择 4 条边线

步骤11 对 die 添加固定约束 对 die 的底边添加【固定几何体】。这个边界条件是模拟接地的模具，如图 15-11 所示。重命名边界条件为 Grounded Die。

步骤12 添加对称夹具 右击【夹具】，选择【高级夹具】，选择【对称】。选择将三个零件对半分的对称平面的边线，如图 15-12 所示。单击【确定】，保存边界条件，重命名为 Symmetry。

 提示 因为使用了平面应变单元，对称平面和约束会自动识别出来。

步骤13 指定 punch 的位移 右击【夹具】，选择【高级夹具】，选择【使用参考几何体】。选择 punch 的顶边（图 15-13），将对此边线指定位移边界条件。由于平面应变的使用，基准方向已经定义完成。选择【平移】中的【沿基准面方向 1】分量，并指定 0mm 的位移。选择【平移】中的【沿基准面方向 2】分量，并指定 13mm 的位移。如有必要，请选中【反向】，如图 15-14 所示。

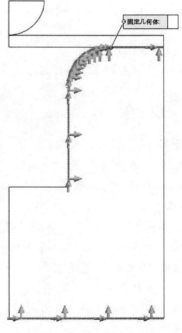

图 15-11 对 die 添加固定约束

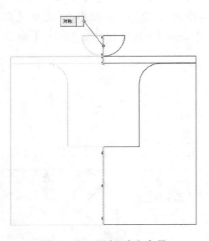

图 15-12　添加对称夹具

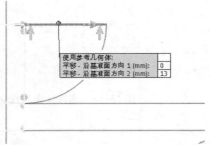

图 15-13　选择顶边

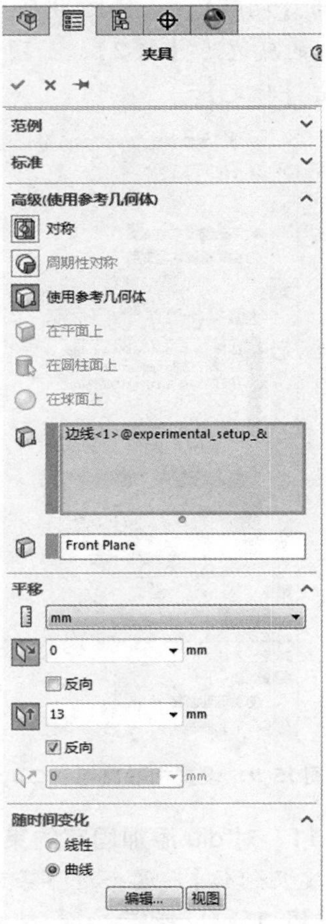

图 15-14　编辑夹具

> **提示**　【平移】选项组中不能修改【垂直于基准面】选项，是因为采用了平面应变单元，它假定在垂直方向没有产生应变（变形）。

步骤 14　输入时间曲线　在【随时间变化】选项组中，选择【曲线】并单击【编辑】。输入下面的点来定义 punch 竖直方向的位移：（0，0），（0.5，1），（1，0）。单击【确定】以保存设置，如图 15-15 所示。单击【确定】保存夹具的定义，重命名为 punch displacement。

步骤 15　应用网格控制（一）　采用【单元大小】为 0.2mm 和【比率】为 1.4，对 sheet 表面应用网格控制，如图 15-16 所示。

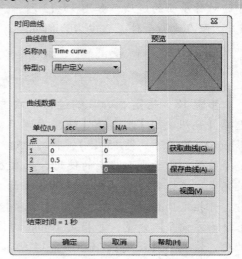

图 15-15　输入时间曲线

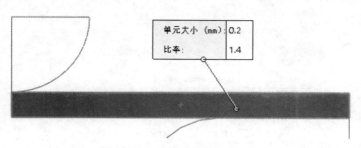

图15-16　应用网格控制（一）

步骤16　应用网格控制（二）　采用【单元大小】为0.1mm和【比率】为1.25，对punch和sheet的相触边缘应用网格控制，如图15-17所示。

步骤17　应用网格控制（三）　采用【单元大小】为0.01mm和【比率】为1.5，对punch和sheet上的两个顶点应用网格控制，如图15-18所示。

步骤18　划分网格　采用默认设置对模型划分网格，使用【基于混合曲率的网格】，如图15-19所示。

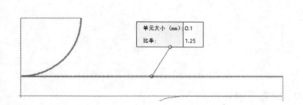

图15-17　应用网格控制（二）

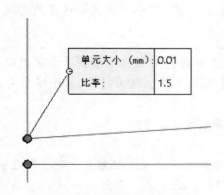

图15-18　应用网格控制（三）

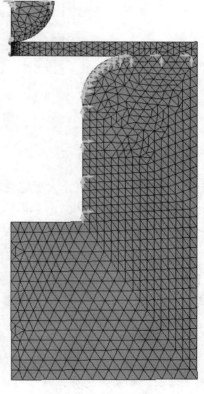

图15-19　划分网格

步骤19　设置算例属性　在【求解】选项卡中，【步进选项】选项组中的【结束时间】为1s。在【时间增量】中，选择【自动（自动步进）】，保留【初始时间增量】为0.01，【最大】为0.1。设置【调整数】为20。选中【使用大型位移公式】和【大型应变选项】。解算器选择【Intel Direct Sparse】，如图15-20所示。

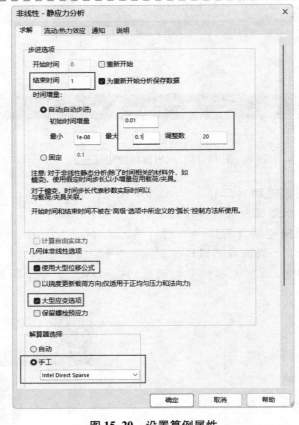

图 15-20   设置算例属性

15.4   大型应变选项

需要注意的是，当选中【大型应变选项】时，解算器假定描述材料性能的应力-应变曲线依据真实（柯西）应力和真实（对数的或自然的）应变。在本章中，就属于这样的情况。在一定的约束下，工程数值通常可以转换为真实数值。

步骤20   **设置高级选项**   在【非线性-静应力分析】对话框中单击【高级选项】。确认【方法】选项组中的【控制】选为【力】，【迭代方法】选为【NR（牛顿拉夫森）】。单击【确定】。

步骤21   **运行算例**   单击【运行此算例】开始运行本算例。

一段时间之后，求解失败并显示下列信息：

"步长 >1 中求解失败，可能是由于：求解可能处于屈服或限制点，即位移在恒定力作用下增长。如果是这样，对于力控制或接触问题，此可能是求解的终点（查阅响应图表）。解算器计算困难：

1. 减小奇异消除因子（0.5 或 0）；

2. 对于塑性模型，提高：$ETAN > Ex/100$。"

单击【确定】两次，回到模型中。

技巧   很多时候，查看直至失败的时间步长完成的结果，可以了解求解失败的原因。

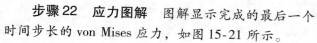

步骤22 应力图解 图解显示完成的最后一个时间步长的 von Mises 应力, 如图 15-21 所示。

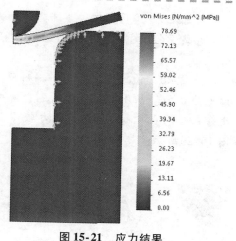

图 15-21 应力结果

15.5 收敛问题

此时此刻, 导致收敛失败的原因可能有多种。由于接触条件的变化, 刚度矩阵的奇异性可能发生变化。为了克服这个问题, 可以尝试在算例【属性】中降低【高级】选项卡中的【奇异性消除因子】数值。如果降低了这个值, 仍会在收敛中看到这个问题, 则产生失败的原因可能是材料属性的非线性响应。如果第一个步长的 punch 位移使材料立即屈服, 则可能由于相切模量的改变而导致收敛失败。为了研究这个问题, 可以使用线性材料属性, 并在 punch 加载时评估第一个步长的应力。

15.6 自动步进问题

在上述问题的背景下, 可能会需要加载更精确的历史描述。大的步长可能导致少量误差, 并在求解过程中产生累积效应。当在求解过程中达到了这些未来步长时, 则无法成功收敛, 因为它们的计算基于之前的步长, 而之前的步长并没有采用高标准的精度来描述变形过程。要纠正这个问题, 必须减小自动步进选项, 这样才可以在每个加载步长中完整地描述变形过程, 最终得到正确的结果。

步骤23 设置算例属性 在【求解】选项卡的【步进选项】选项组中, 确认【结束时间】为 1s。在【时间增量】中, 选择【自动 (自动步进)】, 设置【初始时间增量】为 0.001, 保留【最小】为 1×10^{-8}, 设置【最大】为 0.001, 设置【调整数】为 20。

步骤24 设置高级选项 单击【高级选项】, 设置【奇异性消除因子】为 0, 设置【最大增量应变】为 0.1, 单击【确定】。

> 👆提示 当【最大增量应变】设置得如此高时, 解算器会启用内部规则。

步骤25 结果选项 将【最大】时间增量设置得很小, 意味着在求解过程中会保存大量时间步长。在仿真树中右击【结果选项】并选择【定义/编辑】, 选择【对于所指定的解算步骤】, 在【结束】中输入 10000, 【增量】设置为 30。这意味着每隔 30 个时间步长会保存一次。

步骤26　运行算例　单击【运行此算例】开始运行该算例。

步骤27　图解显示应力结果　在求解结果时显示 von Mises 应力图解，如图 15-22 所示。

步骤28　设置应力图解　编辑应力图解的定义，将【图解步长】选项组中的【时间】设置为 0.5s。从图解中可以看到，薄板在 sheet 外侧边线高拉伸（压缩）应力的作用下发生弯曲，而在中间部位的应力较小。注意，超过屈服点的应力意味着永久变形，如图 15-23 所示。

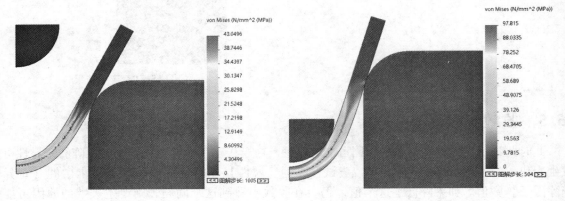

图 15-22　应力图解（一）　　　　　图 15-23　应力图解（二）

步骤29　设置新的应力图解　设置一个新的【SX：X 法向应力】应力图解，并将【图解步长】选项组中的【时间】设置为 0.5s，如图 15-24 所示。

和预期的一样，在 sheet 顶面高度压缩，而在 sheet 底面高度拉伸。

步骤30　探测 SX 应力图解　在【探测结果】属性框中，【选项】选择【在所选实体上】，选择模型的对称边线，如图 15-25 所示。单击【更新】，如图 15-26 所示。

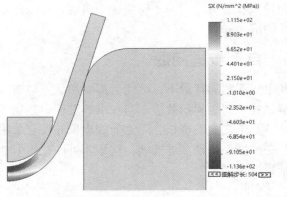

图 15-24　应力图解（3）

在【报告选项】选项组中单击【图解】。这是沿零件厚度的弯曲应力分布图解，该应力图解出现在 punch 完全位于底部的时候，如图 15-27 所示。

步骤31　探测　在之前的步骤中，图解显示了 punch 位于底部时的弯曲应力。下面来看一下残余的弯曲应力（也就是 punch 被移走后的应力）。更改当前的 SX 应力【图解步长】到最后一步（1s）。从最后一个步长重复这一过程，如图 15-28 所示。

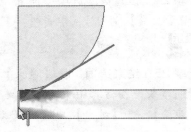

图 15-25　选择边线

222

图 15-26 更新结果

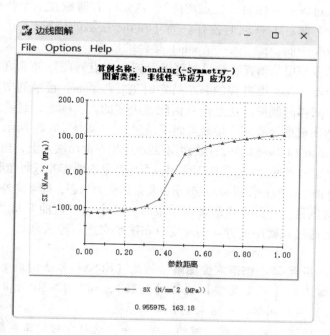

图 15-27 应力图解（三）

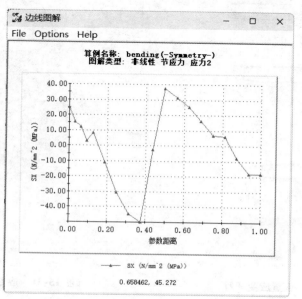

图 15-28 应力图解（四）

15.7　讨论

这是想要看到的弯曲应力图解吗？当 punch 在底部时，为什么图解会变成这样？

该过程一般称为"三点弯曲"，这意味着薄板在三个接触点发生弯曲：sheet 两侧各有一个（和 die 接触的位置），还有一个位于中间，即 sheet 与 punch 接触的位置。

如果使用动画查看结果，可以看到"三点弯曲"并非真正的三个点。在变形过程的一个特定时刻，与 punch 接触的中点会从中间移向侧面。这是由几何配置决定的。实际上，是"四点"弯曲成形（有四个接触点而不是三个），如图 15-29 所示。

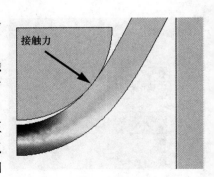

图 15-29　接触位置

punch 和 sheet 之间的接触力不断地作用在曲面法向上，当接触发生在中间时，力直接向下作用，意味着呈现纯粹的弯曲变形。当接触位置上升时，接触力不断地作用在曲面法向，使得 sheet 处于更复杂的应力状态，即弯曲外加一定的拉伸力和剪切力。

这也是为什么在成形过程结束时，残余的"弯曲"应力看上去比较奇怪。可以在弯曲过程的最后通过观察厚度方向的应变分布图解来进行深入调查。

步骤32　创建应变图解　创建【EPSX：X 法向应变】应变图解。在【高级选项】选项组中，【应变类型】选择【总数】，如图 15-30 所示。再一次确认是在最后时间步长（1s）生成图解，如图 15-31 所示。

这次得到了非常正常的应变分布，这符合对弯曲成形的预期。此外，可以看到应变的数值非常大，说明使用【大型应变选项】是正确的。

图 15-30　设置应变图解

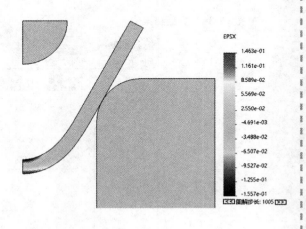

图 15-31　应变结果（一）

15.8 小型应变与大型应变公式的比较

建议用户在关闭【大型应变选项】的情况下重新运行该分析（假定应力/应变材料图表包含工程数据）。在这样的大型应变模型中，通常应该选用该选项。

通过分析可以看到，在应变大于 4% 时，真实应变和工程应变之间可能会出现非常大的差别。总的等效应变 4% 被认为是一个临界值，超过该数值时，大型应变选项可能给结果带来显著差异。

步骤33 塑性应变 编辑之前图解的定义，【应变类型】选择【塑性】，图解几乎相同，这说明弹性应变很小，如图 15-32 所示。

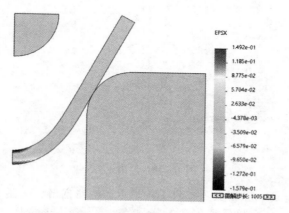

图 15-32 应变结果（二）

步骤34 弹性应变 重复步骤33，【应变类型】选择【弹性】。可以看到，沿着 sheet 厚度方向出现了同样奇怪的分布。这意味着在分析最后，模型中仍然存在弹性应力，如图 15-33 所示。

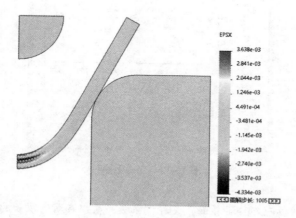

图 15-33 应变结果（三）

225

步骤35 图解显示 punch 上的最大反作用力 右击【结果】文件夹并选择【列出合力】。设置【单位】为 SI，选择在 punch 上预定义位移处的表面。在【图解步长】中选择所需的步长并单击【更新】，显示反作用力的分量，如图 15-34 所示。

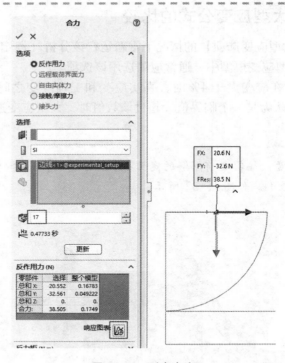

图 15-34　列出合力

单击【响应】，生成 punch 上最大的反作用力的响应图解，如图 15-35 所示。

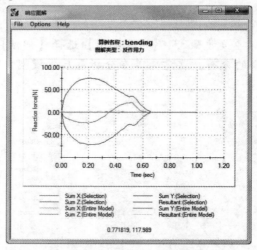

图 15-35　响应图解

提示　因为没有在接触界面定义摩擦系数，所以在所有步长的摩擦力都等于零。

15.9　总结

在本章中，求解了一个冲压模装置的黄铜薄板折弯的大型位移和大型应变分析。钣金的材料采用非线性弹塑性 von Mises 塑性模型。由于预计应变值比较大（>4%），按照真实（柯西）应力和真实（对数的或自然的）应变的关系，输入单向应力-应变材料曲线定义弹性模量。

本章的目标是找到 punch 上的最大反作用力，这样就可以选择一个合适的传感器。Y 方向的反作用力数值和各个时间步长之间可以绘制一个图表（如 MS Excel），以方便选择合适的传感器用于实验。因为使用了对称条件，因此实验中的实际作用力是现在数值的两倍（×2）。图 15-36 所示为 Y 方向的力-位移曲线。

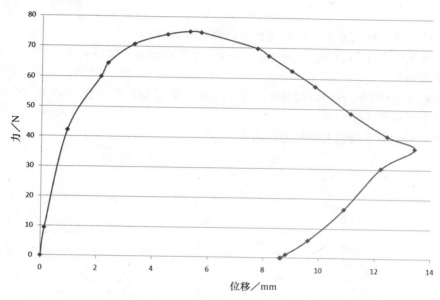

图 15-36　力-位移曲线

在实验中可以看到，最大值接近 150N，发生的位移大约为 5.3mm。一般假定最大接触力发生在最大变形处，而得到的结果明显和这个假定有出入。

还注意到在计算结尾出现奇怪的弯曲应力分布，可以推断这个应力分布是来自模型的残留的弹性应变。

在模型中使用了平面应变单元。为了测试该假设的有效性，最好采用实体单元运行该模型，以确认在厚度方向没有应变。已经提前验证了这个假设是正确的。

练习　大型应变接触仿真：折边

在本练习中，将模拟黄铜薄板的折边，如图 15-37 所示。

本练习将应用以下技术：

- 弹塑性模型
- 平面应变
- 大型应变选项

1. 项目描述

本章模拟了三点弯曲实验，该实验通常和折边实验进行对比，即薄板一端固定在模具上，冲头从另外一侧的自由端冲击从而弯曲成形。

图 15-37　黄铜薄板的折边

2. 材料

薄板由黄铜制成，使用带有完整应力-应变曲线的 von Mises 塑性模型。应力应变数据存放在 Lesson 15 \ Exercise 文件夹下的 Brass data. xls 中。

3. 加载条件

冲头的位移是受控的并呈线性变化，在最低点的最大位移为 13mm，然后冲头会缩回到初始位置。

4. 目标

运行非线性仿真，研究冲击完成后薄板的回弹和永久变形。

本练习的装配体文件 Flanging setup 位于 Lesson 15 \ Exercises 文件夹下。

请回答下列问题：

• 比较折边过程结束时各种应变分量（总数、弹性和塑料）的变化和第 15 章中模拟的三点弯曲实验的结果。如何比较?

• 冲头作用在薄板上的最大作用力是多少?